送给妈妈

布偶课

鸡蛋花花　著

湖南科学技术出版社

有着时代温度的『108匠』

左汉中 ——

青年编辑吴新霞挚爱民间手工艺，用她自己的话说，"有着一份莫名的、沁入骨髓的亲切欢喜感觉，符号和图形会让她感觉妥帖舒适"。本世纪以来，随着非物质文化遗产保护的风生水起，她编辑的不少饶有新意的民间手工艺图书，如中国风剪纸、绳结、玩偶，在民艺界和图书市场均产生了很好的影响。

最近，她又跟我说，想邀请一批能将传统和现代融合得很好的作者，编一套系列丛书，题名为"108匠"。显然，题目来自"梁山泊108将"，亲切熟悉，朗朗上口，这题目算是妥妥的，只看下面的作者人选了。

我从小就画过梁山好汉108将，《水浒》也读得滚瓜烂熟，108将中，粗略查对有22位与"工匠"有关联，如铁匠雷横、汤隆，艄公李俊、张横，火炮制作能手凌振，还有善吹笛子的乐和与马麟，精通书法篆刻的萧让和金大坚，等等。以这拨人的道行与绝技，放到如今，足可以进入国家级非遗传承人行列！

绿林豪强中就有这么多工匠，可见，中国古代生产力的发展，断然是离不开工匠的。我想吴新霞将自己编辑的丛书取作"108匠"，绝不是为了要

"噱头"，讨个巧，而是有着她的良苦用心。

中国自古以来是一个匠人的国度。

大国工匠们曾经一度支撑起中国古代制造业这片博大的天地，他们苦心孤诣、躬身面壁厮守着自己的活计，不求代价，默默无闻，以自己毕生的精力与心血，点燃了华夏文明的不灭灯火，烛照着人类前行的坎坷路程。从匠人手中创造出来的无数美轮美奂的器物，无不体现出劳动智慧的光芒和东方美学的独特意蕴。

而今天，人们似乎在共同地觉悟，试图从当代社会的纷乱与喧嚣中挣脱，回归田园牧歌似的自然与宁静，去体验与真正好的东西相遇时的那份喜悦。于是，人们会将目光不约而同地投向一件件从人的双手与细致耐心中诞生的绝美手工艺品，会对那些不计付出，不在乎代价，只求无愧于心的至尊匠人肃然起敬。

本世纪以来，国际性的非物质文化遗产保护，已成为举国上下全民共识的自觉行为。人们意识到，当工业社会带来的喧哗和商业化伴随的拜金主义困扰我们时，我们多么需要放慢脚步，回眸故乡与童年，从创造了人类文明和财富的匠人们身上，吸收他们优秀的品德，弘扬"工匠精神"，为民族与社会做出自己的贡献。

在颇有声势而又润物无声的全国性非物质文化遗产与保护的活动中，涌现了一批有思想抱负，热爱传统手工艺而又勇于开拓创造的年轻手工艺从业者，他（她）们在各自的行业里已经崭露头脚、初显身手，如布偶、剪纸、年画、泥塑、刺绣、面塑、纸艺、雕塑等手工艺领域。这些志向满怀、德才兼备的新型匠人脱颖而出，同时，他（她）们还带动了一大批手工艺爱好者和追随者，这的确是件令人欣慰的好事情。

此时的青年编辑吴新霞，正踌躇满志，意气风发，在全国范围内寻找她心目中的"108匠"，她物色的第一本《鸡蛋花花布偶课》已经呈现在案头，显示出它的可爱与生机。

让我们期待，一套有着时代温度，有故事，有简单而实用的案例，有美好的呈现，有长久生命力的"108匠"系列丛书，会像百花园中的一株常青藤，保持着恒久的青春气息。

2019年7月12日　于长沙城东雨花阁

左汉中◎湖南美术出版社编审、中国工艺美术学会民间美术委员会学术委员会主任

来自秋月繁的寄语

秋月繁

鸡蛋花花
你好!

首先遥祝你梦想的手工书《鸡蛋花花手工课》就要出版了,在此衷心祝贺你!

今年春节,收到你赠与我的庚寅年布偶"童谣虎",一眼见之,不胜喜爱:"啊!这么可爱!"方知此是年纪尚轻的你,在中国的传统造型上,加上你个人独特的现代感性,精心地一针一线用手工创造出来的作品,实在令人感动。

我本人作为一名设计师,长久以来从事包装设计以及绘画、版画、海报、书籍装帧等设计工作。三十年来,每当与妻子相伴赴中国旅游之际,总要到各地访问做传统玩具的手艺人,并借此机会收集其作品,现已搜集相当数量。虽然我年事已高,但我仍然专注于这项爱好,现在最感兴趣的,不外是那些收集已久的日本古来的乡土玩具。面对这些由衷喜爱的玩具,总会让我特别感动,那是我们的祖先留给我们的珍贵文化遗产。

鸡蛋花花！今后务请继续追求你更大的梦想，立足于美好的中国传统民艺品，发挥你的能力，制作出更多充满着你的个性的手工布偶，将之传遍于世人。

祈望你最终的梦想"鸡蛋花花布偶店"得以再次在北京街上实现。

二零一零年十月　于东京

秋月繁◎日本包装设计师、乡土玩具收藏家

自序

十五年前，我拿起久违的针线做了一对花布鱼，一条大的一条小的，花布是和妈妈一起到胭脂路的垃圾布头里淘来的。老板娘会把那些不整块的、还有点脏的小布头装在麻袋里摆在门口，卖给我这样喜欢做些杂七杂八布艺活的人。这些连零碎布头都谈不上的垃圾布头，是我当时最好的选择，因为我要做的鱼只需要用很多小小的布块拼起来。

妈妈说，这鱼只能挂着好看，既不能装东西，又不能熏蚊子。我说，可是它们一定会很好看很好看的。我喜欢就是最好的理由，妈妈用全手工一针一线帮我缝出来。我们拆了一床老棉被，塞的可是天然的棉花。后来发现鱼儿轻飘飘、软绵绵的，就干脆在尾巴那里塞了一小把绿豆。我当时真的觉得这对鱼美得让我哑然，我给它起了一个有爱的名字："拼布母子鱼"。看着这对拼布鱼，我觉得我可以做很多很多这样的布偶，我梦想将来要写一本关于布偶的书，在书的扉页上写下"送给妈妈"几个字，她一定美滋滋的。

蛋壳开花说，认识我的第一天她就被我的梦想给"忽悠"了，她美美地期待着不久就可以和我一起来写这本关于布偶的书。所以，她一直跟着我，做我的得力助手。哪晓得这本书一等就是四年，这几年我时常把"写书"挂在嘴边。她慢慢了解我了，书和布偶一样，要灵感、要酝酿、要积累，写的时候只需要把所有的期待投入就好了。现在这本书终于等到了，我终究没有忽悠她嘛。

这个梦想我告诉过很多因为布偶而结识的好朋友，其中一个是虫虫。狗年前夕，她在《电脑报》上推荐了我新设计的旺财小土狗，因为这份报纸的影响力，那个大年我每天早上都要去邮局报到，邮寄好几个装着一只旺财的包裹。后来虫虫成了这本书的策划人，她鼓励我给我最崇拜的设计师秋月繁老师写一封信，希望这本书能得到秋月繁老师的推荐，她当时说了一句特别鼓舞我的话："梵高看了你的书，也会给你写推荐序的！"虫虫真不愧为幽默大师，她的文字总是能挠到你的最痒处，后来我真的干了这件不知天高地厚的事情。我的书能在这样一个可爱的策划人手里诞生，真的完美了。

还有一个朋友是北京的大觉觉，是从拼布鱼开始认识的朋友。她帮我实现了我的终极梦想，拥有一间装满布偶的小店。她称布偶为"孩子们"，她称我妈妈为"妙笔阿姨"，因为"妙笔生花"。她说将来我应该有一个女儿叫"米米"，因为"花生米"，太有才啦！大觉觉就是北京布偶店大掌柜，虽然现在这个店已经消失了，但我相信将来北京还会有鸡蛋花花布偶店，大觉觉还是大掌柜。

也不记得从什么时候开始，网上的朋友常来跟我说"希望姐姐能写一本书"，我会告诉她们这是我的梦想。现在每天都有人来问书写好没有，我想这本书收集了这么久、这么多、这么真诚的期待，我一定要尽最大的努力，去写好这本我梦想的手工书。

时隔八年，我的第一本手工书《鸡蛋花花手工课》有幸改版，更名为《鸡蛋花花布偶课》。我遇到一位非常有诚意的手工书编辑吴新霞女士，她不仅认认真真做完书里所有的布偶，而且三次专程来武汉，希望这本书改版的时候，能在她手里成为一本更完美的手工书。她真的打动了我，我迎接这份礼物，欣然同意。

当年倾注心血的书，再次捧起，细细品读，又与那个极端完美主义的自己相遇。我问她，怎么可以做得更好呢？她说，读者说一切都好，只是教程少了点，没有超级可爱小鸡宝宝、花花小猪妞、旺财小土狗，更没有温暖的拼布母子鱼，所以这一次我给改版的《鸡蛋花花布偶课》增加了一大波可爱布偶，大家准备好了吗？虽然还是没有小熊，但是我正在做一本全是小熊的书，我需要积攒很多只漂亮的小熊，请再等等，好吗？

改版的《鸡蛋花花布偶课》对内容结构做了适当调整，并增加了10个布偶课程，《我爱的杂七杂八》也增加了新的内容。《教程纸样库》设计成两张折叠长条，可以完全展开，便于大家复印放大。更惊喜的是，好友肖睿子花了两年时间精心装帧，让《鸡蛋花花布偶课》成为一本漂亮的精装书，希望这本手工书能陪伴大家美好的闲暇时光，做出倾注爱的布偶，也期待大家能把这份快乐与我分享。

2020年春　于武汉

编辑手记

吴新爱——

作为一名编辑，其实，我对于民间手工艺图书的出版，已经思考许多年。沉静纯粹的蓝染，活泼可爱的老虎布玩，五彩斑斓的面塑，活灵活现的棕编……它们的美好常令我沉迷其中。如何能让它们带给人们自得其乐的生活，使闲暇有温度而美好；如何能让它们既保留传统精髓，又能跨接现代审美；如何能让它们一代一代地传承下去，我在试着做这些思考题。

题好一半文，从《水浒》的"梁山泊108将"，我想到了"108匠"这个丛书名。想象一下，未来有108位匠人在这套丛书里一展身手，用他们的作品带领我们去感受一份跨越古今的民间手工艺之美，用他们的心带领我们去感悟一种宁心静气耕耘手艺的匠人精神，用他们的双手带我们去体会手艺的快乐，这是件多么美好的事情。

结识鸡蛋花花是从她的第一本书开始的。那一天，我在手工图书狭窄的书架上看到了《鸡蛋花花手工课》这本书，一种与众不同的气质将我深深吸引。书里有她对于手艺热爱的缘起，有精细的教程，有她在北京南锣鼓巷开布偶店的经历，更有她带着布偶去旅行的日常故事……她对于生活的专注以及热爱，特别是对于如何将传统与现代审美自然融合，有着把握并完美呈现的奇妙魔力，这令我如遇知音。于是，有了三次去武汉见她的经历。从陌生到熟悉，从想象到靠近，她精致美好且乐于创造。于是，

"108匠"有了一个美好的开端。

左汉中老师是我们湖南从事民间手工艺图书出版的老前辈，编辑出版了许多这方面的书籍。从年轻的时候开始，他就翻山越岭去拜访那些伴着泥土芳香生长的手艺人。在他那里，手艺人是没有拘束的，有一种遇到娘家人的亲切感觉。我觉得请这样的老前辈来写推荐序是再合适不过了。

后来我看到了肖睿子老师设计的《中国故事》一书，发现他对于传统的演绎很有现代感，于是我想到了请他来做整套丛书的设计。应该也是因为出于对传统的喜爱吧，他欣然应允，于是"108匠"丛书有了一位完美的"服装设计师"。能得到编辑与设计大咖的双重支持，是"108匠"的幸运！衷心地感谢他们！

平凡的世界里蕴藏着丰富的宝藏，我想，手艺人也是照亮这些宝藏的一拨人。一块其貌不扬的石头可以被打磨成美玉；一方朽木也可以化腐朽为神奇。生活因为手艺变得细腻温暖而不乏味，世界也因为手艺人的努力，很多人的童年记忆得以保存。在这里，我也想借着这篇小小的文章，吹响"108匠"的集结号。如果您是手艺人，了解某项民间手工艺的前世，也关切它的今生和未来，热爱创作，乐于分享，想为呈现和传承中国民间的美好尽自己的一份力，那么欢迎加入"108匠"，我的邮箱是"105858103@qq.com"，期待您的投稿。

目录

布偶制作
常识篇

布偶制作常用面料

纯棉布

纯棉布，简单定义是用100％纯棉织出来的布料,根据纱线的粗细不同、纺织工艺的不同、后期处理工艺的区别,纯棉布呈现出各种面貌,有轻柔如纱的细棉布,有手感温和柔软的粗棉布,也有光滑细致的精纺棉布,如果加入麻或丝的成分,棉布的特性就更加丰富了。喜欢棉布的天然手感,所以我非常在意是否100％纯棉质地。分辨的方法很简单,用打火机点燃布料的边角,火焰会自然熄灭,用手轻捻黑色的灰烬,成很细的粉末状,如果没有感觉到颗粒就可以判断为纯棉了。同时闻味道,温和自然。卖布的阿姨对于我的怀疑都是将随身携带的打火机烧一点布头给我看,然后凑到我鼻子跟前:"闻到没?是棉花的味道吧?"而我一直偷懒,没有去烧棉花验证一下味道是否相同。有经验了,我大多会根据手感来判断,这有点像天天数钱的人闭着眼睛都不会收到假钞。

麻 料

其实麻的种类很多，市场上最多见的是亚麻或者麻和棉的混合成分面料。亚麻优点很多，缺点也很多，适合做衣服，但不太适合做布偶，如果追求非常抽朴手工感的布偶，亚麻是很值得尝试的。我把很多非亚麻却含有麻成分的面料称为棉麻，根据麻和棉的比例不同，这些布料呈现很大的差异，麻的成分多就会较粗糙，手感硬而结实；棉的成分多就更柔软温和。纯麻是很少见的，估计麻布袋才是纯麻的吧？做布偶我喜欢用色彩漂亮或者有点特别的棉麻布。彩色的棉麻常用来搭配花花熊的单色部分，或者龙猫的后背。还有一种自然黄灰色的麻布，也称为黄麻布，有原汁原味的乡村质朴气质，真的是有点牛粪味道呢，也是我最喜欢用来给布偶做皮肤的布料。

手织土布

我把全手工织的棉布称为土布，也是最值得珍爱的布，用的不多，因为舍不得用，如果有顾客觉得土布的布偶不好看，我会很高兴，这样我的土布就可以留下来慢慢用，那些看似简单的格子图案和手织工艺可是千百年流传下来的传统纺织艺术啊。我的土布可是在上海董家渡的一家老布店淘来的，因为是全手工织的，每一块的格子式样都不一样。

灯芯绒

灯芯绒表面有条纹状的绒毛，像茶叶田一样，属于纯棉布的一种，手感柔和，保暖效果好，常用来给小孩子做棉袄、棉裤的罩面。市场上灯芯绒的色彩非常多，适合当作素色布使用，可以和纯棉花布搭配，形成多种材质的对比。可是，只有质量上乘的灯芯绒才能在布艺作品中有好表现哦。另外，没有娴熟的手工技术，灯芯绒会毫不客气地暴露你手艺的缺陷。

牛仔布

牛仔布这种诞生于淘金年代的粗犷面料也是我的大爱。经过了这么多年的
演变，牛仔布的颜色、工艺、种类也是千变万化，而我只喜欢最最传统的
牛仔布，稳重的蓝、水洗的沧桑、毫不妥协的结实，和花布搭配起来有意
想不到的时尚感，有那么点不羁，又有那么点温柔。

织锦缎

织锦缎是一种华丽丽的中国传统缎面布料，每次去那个华丽丽的柜台，我都会迷醉在这些眩目花海中，如果你能有机会翻看布样，就会发现每一种图案都会有一个好听的名字，"龙凤呈祥""花开富贵""金玉满堂"，不同的花型也有很多好听的名字，"琵琶花""观音花""新年花""鸡冠花""蝴蝶花"等等，不一而足。婚庆的布偶，如小熊呀、猪妞呀、老虎呀，我都会选用上好的织锦缎来制作，再用金色的皱纹铜铃，金色的丝线和金色的花骨朵妆点起来，虽然制作难度很高，但是成品华美得不一般，不过要偷偷告诫一下，谨慎尝试哦，以免被这些不听话的丝线和滑溜溜的面料彻底击败你对手工的信心。

皮 革

粗犷的荔枝纹的牛皮和色彩漂亮又特别的细牛皮，都是我非常喜欢的皮革面料。大多时候，是用这些皮装饰布偶的某些细节，比如熊熊的心、猪妞的鼻孔、哞哞牛的鼻子等，大家一定不相信我会买来整张用来做一件高级皮衣的荔枝纹牛皮，剪成一个一个小小的"心"贴到熊熊的胸口上。看着店主炫耀他的皮，幻想着它将成为一件多么美好的皮衣的时候，我内心真有点觉得对不起这头牛。当然我最爱淘那种手感柔软的小张皮，颜色漂亮又特别，刚好可以做两只小皮熊。如此好看的皮是可遇而不可求的，下一次你一定遇不到完全一样的，也因此每做出来一只小皮熊我总是想私藏起来。还好，我还在坚持收藏美丽皮革的爱好，我将会拥有很多小皮熊。

特种面料

当然布料不仅仅这么多种啦，各种面料杂交出来很多新品种，比如真丝亚麻、提花牛仔、印花灯芯绒、胶膜棉布、双面棉纱等等，每次去布料市场淘布总会眼花缭乱。对于我来说，最重要的是面料的色彩、花型和质感，有些布料适合做布偶，有些却不适合，我就想象着它们成为窗帘啊、裙子啊、桌布啊、抱枕啊买回来，其实大多都被我存在箱子里，时常拿出来欣赏。有时候我也会看着它们突然来了灵感，用来做只漂亮的小熊私藏着。

布偶制作常用填充料

空心棉、荞麦壳、茶叶……

我了解过民间布玩的填充料，用的是麸子、荞麦皮、锯末、米糠等，一方面这些天然材质可以就地取材，另外民间布玩都图个吉利，要将米糠的"健康"、麸子的"福气"、荞麦的"灵巧"通通塞进布偶里，真是有趣。不过这些材料在现代生活中很难获取了，我常用空心棉来作填充布偶的材料。空心棉，也称公仔棉，都属于纤维棉。之所以叫空心棉，是因为棉花截面在显微镜下观察，会有两三个中空的结构，弹力和保暖效果都比普通的纤维棉好，十足的弹性是天然棉花和植物纤维材料所不具备的。但是一定要用优质的真空棉哦，蓬松、雪白、抓握有弹力，劣质的纤维棉毒性很大，我们起码要把爱心和健康塞进布偶。我也尝试用天然的、有保健作用的荞麦壳和茶叶，塞花花枕头和鼠标手枕的趴趴们，因为追求舒适不能塞填饱满，所以这样的材料不适合所有的布偶，只能用在有一定使用功能的布偶上，趴趴的头我还是选用饱满的棉花来填充。

布偶制作常用配饰材料

设计布偶，我时常会关注自己喜欢的各种材料，思考如何用来装点布偶的细节，而我使用的这些材料大多是服装上用的配件。每次买材料我最担心老板们问我用来做什么，某种意义上说他们是最有经验的，可以给你参考意见，可是我觉得很难解释清楚。我试过给卖扣子的老板解释怎样的暗扣才适合做小熊的关节衔接，可他们觉得我太较真，要求很古怪："如果暗扣要紧得打不开，那人家脱衣服岂不要急死了？"唉，说的也是。这个章节带着强烈的个人喜好，分享出来是希望大家能多多关注身边不起眼的小东西，也许会给你带来意想不到的灵感。布偶身上经常需要有条状形态的表现，如尾巴、微笑的嘴、胡须等，我喜欢选择各种各样的线绳来设计，当然尽可能地用天然的材质，如棉、麻、皮革。

蜡 绳

蜡绳其实是全棉的线绳外面包裹了一层蜡油，于是绳子表面变得光滑，色彩也更鲜艳、持久、防日晒。蜡绳有很多粗细规格，有普通的圆滚滚的细蜡绳，也有麻花状编织的粗蜡绳，颜色丰富。我常爱用大红色和咖啡色，适合用作布偶头顶挂绳、小熊的鼻梁线，或者给布偶脖子系铃铛。

棉 绳

花家的布偶们尾巴都很相似，要么是挂圈状的红色粗棉绳，要么是扣扣兔那样的刺猬状的球球尾。开始做爱晒太阳的猫咪的时候，将尾巴设计成挂圈的样式，于是大多的布偶就沿用了这个设计。每次买棉绳也都要专门染我们的标志色——大红。棉绳用得最多的布偶是花囡囡了，一满头的棉绳头发，都是需要专门染色的，一根一根地编织，再一撮一撮地缝制到头上，这样的设计真是为难了手工师傅。看似这样一种非常普通的材料，但要买到非常优质的100%纯棉绳也并不简单，好的棉绳手感柔软，色泽纯净天然，染色才会有很好的渗透力。

麻 绳

麻绳拥有最自然质朴的气质，制作
很大的布偶，找不到足够粗的棉
绳，我会用麻绳替代穿胸前的那颗
铜铃铛。北京布偶店里，我们特意
用麻绳穿牛皮纸的吊牌，还买了几
个大木滚的麻绳做乡村感的装饰。

皮 绳

相对于棉绳来说，皮质的更显品
质，所以我只在心爱的小熊头上装
红色的牛皮绳，我总是觉得天然的
材质即使旧了，也会有旧的味道。

金银线

金银线是在锦缎布偶中替代蜡绳来用的，因为想要在每一个细节凸显华丽眩目的效果，在鼻梁、花瓣边沿，适当点缀就可以了。我还淘到那种别致的粗麻花金线，用作精品包装的，给婚庆花花猪妞做尾巴很好看。

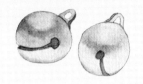

小铃铛

我似乎有铃铛情节，小学时候在兴趣组乐团里，我就负责那个最简单的活儿——敲铜铃，麻绳的两端各一个大大的、圆圆的、帽子状的铜铃，玩法就是随着音乐的节拍对碰，那声音可真好听呐。布偶耳朵上装点几颗小铃铛，想象它们也爱摇头晃脑，随着叮铃铃的声音得意起来。

漂亮悦耳的小铃铛一定要铜胚质，形状圆润饱满，还要有优质的电镀工艺。我会买各种大大小小的、黄金色白金色的小铃铛搭配各种尺寸的布偶，装饰在耳朵、额头、腰间。另外还一种表面皱纹的铜铃铛，更显绚丽，适合装点华丽丽的锦缎布偶，相当富贵喜庆。

云南还有一种粗胚的铜铃，是铸造工艺制作的，刻有虎面纹饰，很有古朴的民族风情。因为厚重，铃声浑厚悦耳，我喜欢将这样的铃铛挂在旺财和布老虎的脖子上，后来发现也有很多人将此铃挂在狗狗的脖子上呢，非常可爱。我还喜欢在淘宝的古董店淘漂亮又有味道的老铃铛，铃铛背后还有很多有意思的故事。还有日本寺庙的土铃，了解起来也是非常有趣。

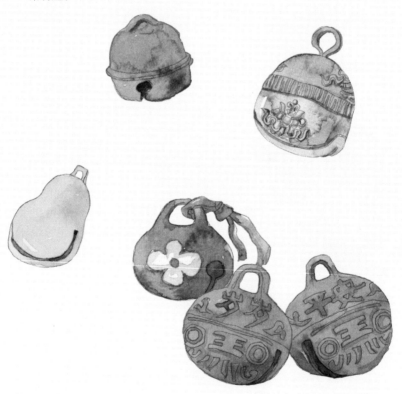

各种眼珠

花家的布偶眼睛都是清一色的黑玻璃珠子，黑黝黝地泛着光泽，小如绿豆，装给猪妹妹啊、小福鼠啊，乖巧迷人；大如樱桃，装给老虎啊、苍蝇大王啊，威武神气。就是不知道它们都盯着哪里，一副捉摸不透的眼神。

各种扣子

我喜欢那些简单朴素的天然材质扣子，如椰壳扣、小木扣，最最简单的两孔、四孔圆形扣子就已相当可爱。很多布偶设计师用扣子做娃娃的眼睛，各种颜色、各种大小、各种形状，我想一定有喜爱收集扣子癖好的人吧？逛那些淘宝上的扣子店总是让我惊讶不已，原来扣子可以长这样，真是可爱。扣子在我的

布偶设计中主要是装饰作用，当然也有巧妙之处，因为圆墩墩的布偶很难在桌面站稳，猪妞呀、小趴狗呀、爱晒太阳的猫咪呀，它们肚子下面都会有一颗木扣，有这样一颗肚脐扣，布偶就会趴稳当啦，最妙的是还可以掩饰线头。

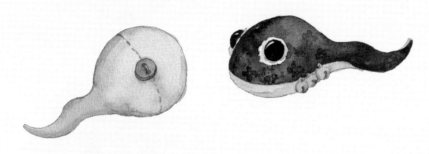

还有一种扣子是用来给小熊做关节的，因为要保证小熊各个部位的饱满感和灵活性，我决定用暗扣。但是市场上很难找到合适的暗扣，如果可以我真想设计一款熊熊专用的关节扣。也许只有我是拿暗扣给熊熊做关节的吧？

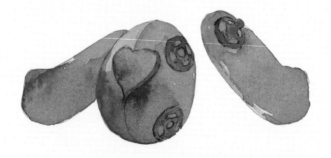

各种金属配饰

我非常喜欢收集一些合金材质的漂亮小花小鱼，装点在布偶身上非常可爱。傻傻的大头猫就挂着一条它爱吃的小鱼，小挂熊的头顶也有一颗很漂亮的花瓣装饰。我也会给定制的小皮熊额头装饰几颗纹饰很特别的金属件，我认为这些精美的细节可以给布偶增添几分别样的气质。有一个朋友送给我一盒她收集的彩色珠子，非常漂亮，看到这些亮片彩珠让我想到了色彩绚烂的尼泊尔，我真想做一只尼泊尔小熊，然后带它去那里旅行。

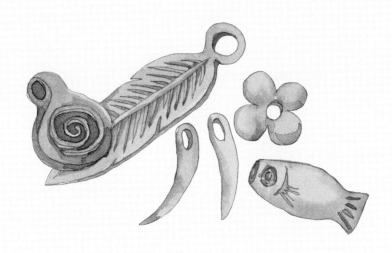

布偶制作常用工具及使用技巧

珠针的用法

珠针是端头有一粒圆珠的细针，布艺中常用来将上下对齐好的面料别住，起到固定避免移动的作用；或者临时用来定位布偶眼珠子或铃铛的位置，方便调整最合适的点和间隔距离。也可以多个珠针一起使用。确定好下针的位置后，一边缝一边依次将珠针取下。在其他的手工当中，如拼布、中国结编织中，珠针也是时常用到的，但是用的时候一定要小心，它有一根长长的针尾巴，可是容易扎到手哦。

锥子的巧用

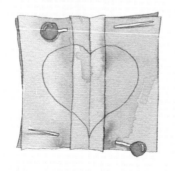

锥子，一端是木头手柄，一端是大针的工具，类似木工用的起子。发明锥子的人，应该是想拥有一件比手针更能使力的钻孔工具，在衲鞋底的针线笸箩里一定有这个工具，因为鞋底很厚，手针很难顺利地穿透，顶针都帮不上忙的时候，可以用锥子先钻一个洞，再来用手针衲。其实锥子的用处不仅仅是这些，它可是布偶制作中的大帮手。

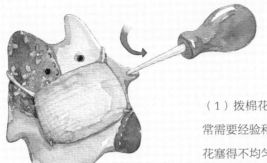

（1）拨棉花：给布偶塞棉花是非常需要经验和技巧的，难免出现棉花塞得不均匀的现象，这时候锥子可以帮忙了，方法是将锥子从棉花过多的部位小心锥进去，适当用力将棉花向较为空缺的地方拨动，反复变换角度拨动，直到满意为止。最后记住将锥子锥出的小孔用指甲轻刮一下，不要留下难看的窟窿眼。当然，精致细密的锦缎和精纺的棉布不适合用粗胖的锥子，用手针也可以帮助做细微的调整，方法一样。

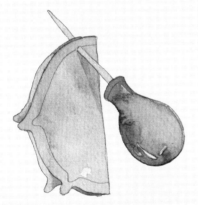

（2）定位：将两只耳朵对称地缝合到布偶头上的时候，我们很担心能否左右对称，这时候可以将身子对称折叠，用锥子在耳朵的位置锥一个小洞，展开后就可以得到对称的耳朵位置了。同样的技巧也可以用在拼布中帮助定位。

让手工针用得更顺滑

手工针细长小巧，末端尖利，另一端有可穿过线绳的小孔（针鼻），是手工缝纫的利器，人类最原始的手工工具"骨针"便是现代手工针的始祖。手工针有绣花针和布艺用针两类，上好的手工针具备良好的穿透力，无阻滞感，针体柔韧，不易氧化生锈，针鼻圆滑，针孔圆润，对于一根小小的手工针来说，这些要求严格起来并不比一把剪刀容易。就算一根好针也需要我们好好地保养，才能保证长久好用。

常看到衲鞋底的阿婆不时拿针在头上刮两下，织毛线的阿姨也喜欢在编织一圈后，习惯性地将针在头上刮刮。我一直很不解，有经验的阿婆说因为头上有油，可以让针更顺滑，原来如此。不过大家在模仿的时候，要注意针头的角度，不要出现恐怖的意外哦。当然我们还可以选择专业的可乐牌磨针器，那么漂亮的工具，相信你会很勤快地磨针的。过去针插里面的填充料也会有特别的成分避免氧化，保护针不生锈，我姥姥还将针放在粉盒里保存。

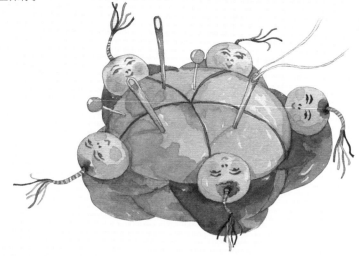

自己动手做超级好用的皮顶针

顶针，通常是由金属或塑料做的环形指套，表面有密密麻麻的凹痕，在将缝针顶过衣料时用以保护手指，这是中国千篇一律的顶针模样。看过日本可乐牌的各式各样的皮顶针后，才感叹我们传统的金属顶针难怪那么不好用，因为手指真正想用力的地方其实并不在顶针的位置，而是在指肚上。以前做布艺手工活，遇到手工针需要用力的时候，我都将针屁股顶在桌子上用力，顶针实在太不得力了。

当然每个人习惯不同，用顶针使力的位置也会有差别。事实上就算可乐牌的各式各样的顶针也并不适合所有人的手指，所以还是为自己量身定制一个皮顶针吧。选一块薄点的柔软的牛皮边角料，手感一定要柔软，按照图样的方式完成就可以了。这是一个结实耐用还超有手工感的皮顶针，想哪里用力都可以。

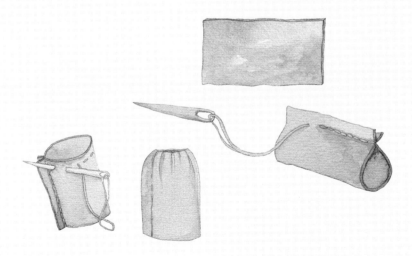

爱惜一把剪刀

剪刀是切断布、纸、绳等东西用的铁制用具，两刃交错，可以开合。布艺手工中最常用的剪刀有三种，裁缝剪、手工剪、牙口剪，各有功用。一把好剪刀是可以牢牢地吃住布料的，刀刃锋利，开布轻巧。虽然我们剪的都是柔软的棉布线绳，但是使用时间久了，刀刃也会磨损，影响锋利度。首先要选择一把钢性优良的剪刀，然后还要学会保养爱惜，长久不用时，记住用软布蘸少量的机油擦拭，放置在干燥盒子里。如果刀刃不快了，也要请真正专业的磨刀师傅帮磨，不要拿自己的爱剪试探磨刀师傅的手艺，这是一个严谨的技术活，我会拿便宜的剪子给师傅磨，试用一段时间后，才决定是否请他来帮我磨剪刀。

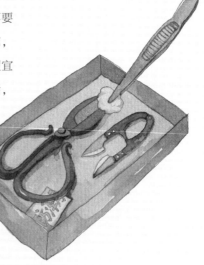

制作可以重复使用的纸样

本书所附带的纸样都是反复推敲的产物，契合每个玩偶的萌气质。每个纸样都是原大，我们可以用拷贝纸直接复制，也可以利用复印机复印，将每一片纸样复制到合适厚度的材料上后，剪下，标注好名称和序号，我们就制作出自己专属的、可重复使用的纸样了。为了避免混淆，我们可以用透明的塑料袋分别存放。使用时，将纸样放在预处理好的布料反面，用色消笔在纸样边缘画下轮廓，在轮廓线边缘依个人喜好留出4~5mm缝份，剪下。缝制的时候，沿着轮廓线小心缝制，避免跑偏。如果需要制作更大的布偶，可以根据自己的需要将纸样进行放大。

布料预处理

如果是给宝宝做布偶，就一定要对新买回来的布做过水的处理，一方面可以清除布料上残余的浆料和纤维，另外，棉布都有一定的缩水性，过水后会让布料获得最自然的状态。然后将棉布悬挂在阴凉处晾干，切忌暴晒，严格说任何花布长期在暴晒环境中都会褪色。晾干后的棉布大多会不平整，这也是纯棉布的特性，所以做布偶前需要对布料进行熨烫，让布料整齐平整，对于厚重的棉布，需要加大蒸汽熨烫。

裁剪布料注意事项

仔细观察平纹棉布，都是经纬方向的织法，如果对角拉扯棉布就会出现严重的变形，所以裁剪布料的第一步是识别布料的经纬方向，一定保持横平竖直。一般我们可以通过肉眼观察经纱纬纱来判断，更准确的方法是将布料平铺在桌子上，抽掉一根纬纱（横线）作为明显识别的标志。纸样一定要描绘到布料的反面，先将纸样垂直于纬纱放置，一只手按住纸样不要移动，另一只手握住气消笔认真描绘准确，再预留好你习惯的缝份大小裁剪下来。

搭配线的颜色

当然是什么颜色的布料就选择什么颜色的线，色彩越接近越好，可是我们很难准备那么多的线在家里。但是这个问题一点都不难，我自己准备的线的颜色就不多，一方面是拼花布不太挑剔线的颜色，各种颜色都好搭，另一方面，线的颜色搭配得巧妙，还可以成为设计中出彩的小细节，有时候我会刻意用差异色的线。但是基本的选色原理是，素色布尽量挑选接近的颜色线，拼布挑选几种花布共有的颜色线，或者面积最多的那种色彩的线，实在没有把握就使用最常用的米色线，也不会有问题。

如果对自己的配色有信心，可以尝试用土黄、褐色、灰色、橄榄绿这些气质很低调的线搭配，即使有差异也没有关系，但是要确保色彩的亮度接近。针对颜色最浅的布料，如布偶的皮肤，我会用自然的米白色线搭配，因为倾心自然朴素气质的布料，所以我从来都用不上有洁癖的正白线。

塞棉花

很多顾客初次拿到鸡蛋花花的布偶，都会疑惑这么一个布疙瘩里头塞的是啥，结结实实、圆圆滚滚。谁都不会相信如果把布偶肚子里的棉花都掏出来，那朵大白云会有布偶的20倍大，所以"塞棉花"这件看似很容易的事情，绝非简单，可不是胡塞一气哦。

布偶本身不同于毛绒玩具，毛绒玩具最重要的是版型的本身，只要适当填充棉花，就能造型，毛绒玩具追求柔软的手感，而布偶外表的纯棉布料是没有弹性的，需要充分的棉花把每个细节都占据得满满的，才会有准确的形态，民间布玩陕西布驴内部填充的是荞麦皮，结结实实能最严格准确地表现玩具的造型。

塞棉花最讲究"饱"和"匀"，棉花要吃得饱满，捏起来结结实实，弹性十足，手感要均匀，捏握时不能有疙疙瘩瘩的感觉。每一处细节都要塞到棉花，不能有空隙或者棉花溜走的情况。形象地说一件塞工很好的布偶，棉花似乎就是在布偶肚子里长出来的，而不是塞进去的。方法是：先保持棉花松软大面积铺塞，逐步填满，如耳朵、鼻尖等细小部位要另拨小团棉花顺势填塞，松紧度保持一致，然后根据饱满度补充填塞，切记不要将棉花局部塞得过实，这样就会出现棉花疙瘩了。当然什么手艺都是熟能生巧的，把握好"饱"和"匀"的原则，如果觉得不合适就把棉花掏出来，记得拉扯松软，再来一次，相信只要有耐心，经验是最好的老师。

绣 字

在这里给大家介绍的绣字并不是绣花针绣字，而是简单易学的面条字，还不是波纹面字，而是生碎的挂面字，特点是拙、直、可爱。如果能在布偶上亲手绣上朋友的名字，这个心意能让对方感动得热泪两行吧？

首先要学会简化中国字中的曲线，把所有的笔划都变成小段的直线，先在草稿纸上练习一下你的名字吧。

然后就可以在布偶身上选择一块面积较大、起伏平整的区域试针，比如在布偶的屁屁上。用气消笔将碎面字写在上面，大小合适就可，一厘米见方，太大笨拙，太小不容易绣。

从布偶的边缝不起眼的地方起针，按照笔划的"端头出针，端尾吃针"的规律，让针线上下穿行就可以了，绣字的时候不用在意笔划顺序，以方便顺手为好。字绣完了，我习惯在字的旁边收针打一个落笔的疙瘩点，还要记得将疙瘩的线头藏进布偶肚子里。

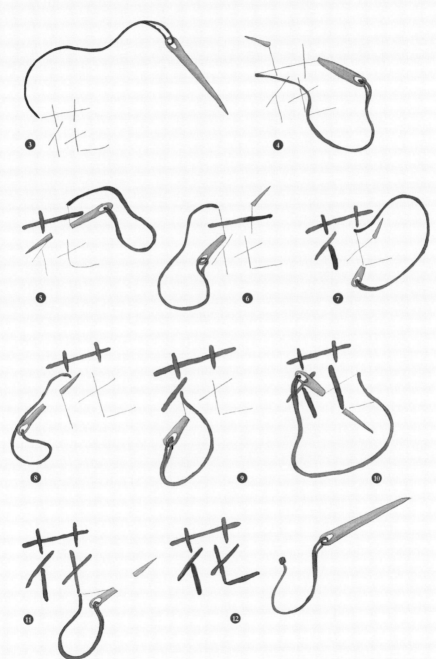

染 色

以前在手工书上看到过做乡村娃娃的教程，很佩服人家为了得到乡土味十足的黑肌娃娃，专门用茶叶给娃娃的皮肤布染色，茶叶的浓度也决定了娃娃的肤色深浅，确实是好办法。我染色大多是为给花囡囡染各种颜色的头发，或者给动物布偶们染小尾巴，因为买来的绳子都是全棉的原色绳子。淘宝上可以买到很便宜的纯棉服装用的小纸包染料，我妈妈说，她小时候经常将穿旧的衣服重新染一个颜色就像新的一样了，这是每个姑娘都会的活儿。其实步骤很简单，大家都可以来试试。

准备好工具材料：全棉用的直接染料、定染剂、食盐、筷子、小铁盆、手套。

先将棉绳放在开水中浸煮20分钟，为了让水浸透棉绳，去除阻染的杂质，便于染料吃透内部；然后将绳子捞起放置一边，将染料倒入热水中，同时放入少许食盐，食盐有固色的作用，虽然我也会买固色剂，但是还是听妈妈的，一起放入食盐，切记要搅拌均匀。如果不喜欢直接染料的颜色，还需要凭经验来调色，我见过汉正街染色作坊的作业，熟练的工人可以对照色卡，在那些大桶大桶的色粉桶里东挑一点西挑一点，像画画调色一样，不一会儿水里的绳子就变成想要的颜色了。自己调色绝对需要经验的，如果有耐心就一点一点地往水里兑，看绳子颜色的变化，直到满意为止，反正绳子是煮不烂的，煮得越久颜色就越饱和。我对温度没有啥概念，一般都将火开到比较小，小小的沸腾的感觉，我将烧菜的原理拿来用，小火才能炖透吧。煮的时候要勤快地用筷子翻转绳子，直到觉得绳子的颜色比较饱和了，就起锅。这个时间并不短，大概需要半小时吧。

然后再烧开一盆清水，将固色剂按1：10的比例倒进去，搅拌均匀，将染

好的绳子放入其中浸泡，你可以干别的事情了，等它自然冷却。最后用清水反复清洗几次，洗掉浮色就好，拧干晾晒在阴凉处，切忌暴晒。

拼布配色

在我看来世界上的色彩千千万万，几种颜色能搭配在一起好看同样是需要缘分的，它们这份惺惺相惜的默契让我们感觉非彼莫属。我想这个牵线的红娘就是文化和历史吧，经过漫长年月，慢慢被认同，慢慢密不可分，见到你就想起他，当你看的多了，也自然具备这种色感了。听起来飘渺的"感觉"这东西其实是后天修习而来，多多品味，"感觉"自然可以培养，欣赏不同文化风情的服饰、建筑、器物，感受大自然的万象，这些承载着它们气质的符号慢慢就会进入你的记忆中，当你拿着它们其中的一块碎片你也能找到与之有缘的色彩来，好神奇啊，但是千真万确。也许我们并不是在完成一件多么伟大的作品，我们不过是在做一份手工，但是你所喜爱的色彩会因为你的感受、你的关注自然地表达出来，搭配色彩并没有规则，只要你去热爱色彩、感受色彩，也有那么一天你会在一堆五颜六色的花布中找到拼图的快乐。

熨斗整烫

我把熨斗称为"整形师"，因为一切棉质的材料都会在熨斗大师面前变得服服帖帖。首先所有的布料都需要在熨斗大师手下平整一遍，每次拼布后，我也会劈缝整烫，不能马虎，对于布料这种温和气质的东西，稍微一丁点误差都有可能影响布偶最终的形态。即使塞过棉花的布偶也都需要在手工缝合的翻口处和棉布拼接部分用熨斗整烫，布偶的线条会显得更平滑精致。如果是缎面的布料就千万不要拿高温熨斗直接整烫，最好是准备一块足够大的薄薄的棉布隔着布偶整烫。

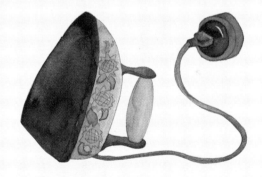

画腮红

大家做乡村手工娃娃时，最后都会记得给娃娃描绘一对红扑扑的漂亮脸蛋，这是布偶脸上一抹快乐的云彩，点睛之笔。因为我总是和棉布娃娃打交道，细密的棉布可不能拿美女用的腮红、唇膏来对付，为了得到最漂亮的脸蛋，我也花了不少心思呢。最终保留的就是很不省时省力的办法，但是很漂亮，打腮红成了每个布偶的洗礼仪式般重要的工序，记得有段时间我的主要工作就是给新生的布偶们打腮红，师傅们都不愿意打，因为打难看了，就觉得很愧疚，对不起这些"快乐的孩子"，越紧张就越打不好。总之打腮红是个技巧高、难度大、不容易掌握的手艺。

（1）工具：红色的水溶彩铅，饱满的软头毛笔，一盆清水。

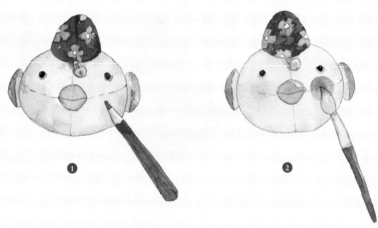

（2）方法：先用彩铅在布偶脸上对称地画上一对圆形的红晕，不允许勾画形状，所以要依靠自己的感觉描绘，笔倾斜依照一个方向来回运笔，轻重适中。然后将毛笔完全浸湿，饱含水分，以不滴水为宜，将毛笔在红晕处作圈状匀染，快速将颜色晕开，接着赶紧在清水中洗笔，用手指挤掉毛笔上的水分，将红晕边缘多余的水分吸干，也有帮助红晕褪色的效果，重点是以色彩晕褪柔和自然为妙。最后用吹风机吹干，一对漂亮的脸蛋就完成了，如果没有把握，担心画坏，就遵循由浅入深的原则，这个步骤可以反复操作，直到满意为止，相信多画几次就熟练了，浓妆淡抹总相宜。

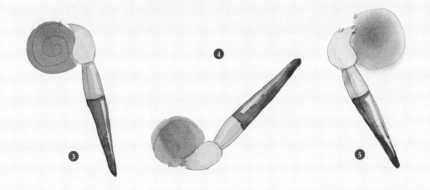

布偶的清洁保养

布偶摆放在自己喜欢的地方，应该就是最好的装饰了，然而城市的灰尘很大，即使不在手里把玩，一段时间后也会蒙上灰尘。并不建议布偶直接水洗，因为结实的棉花填充并不容易挤压，但却可以把清洁剂、水和脏脏的灰尘吸到肚子里。建议直接用毛刷掸去灰尘，然后用微湿的抹布轻拭表面即可，手持吸尘器配上小吸头的效果也不错。

平针缝

平针缝是最常用最简单的缝法。它的用途很广，可以用在疏缝、接缝，或作抽褶时的缩缝。针法如走路一样，一脚出针一脚入针，均匀前进，有个形象的术语叫"跑步绣"。小时候妈妈缝棉被用的就是大大的平缝针，贴布绣的平缝针脚可是很好看的手工细节。教程中糖果耳朵的抽褶，小猪妹妹的裙子都是用的平缝针来进行缩缝。值得注意的是，平缝针的针脚一定要均匀才好看。

回针缝

回针缝比较麻烦、费时，但是缝得比较牢固，通常用于布与布的接缝，实际上是手针替代缝纫机的工作内容。我认为脚踏缝纫机也属于手工工具，它的动能来自脚来回踏板的动作，只是比较起剪刀来，机械原理更复杂些。如果没有缝纫机，那么回针缝一定比平针缝更牢固。

对针缝

对针缝是将针脚隐藏在布里，使两块布接缝得很美观。对针缝通常用在布偶塞好棉花后，将翻口缝合住。切记对针的时候要水平，这样做出来的缝合口才整齐漂亮。

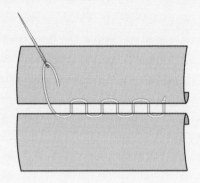

豆 绣

豆绣主要起装饰作用，方法和打疙瘩差不多，在布偶制作中用来给布娃娃脸上绣天真可爱的小麻子，或者绣字收针落笔时绣一个圆圆的小疙瘩。

打疙瘩

疙瘩就是结，手工活中有线就有结，结的主要作用就是将线的两端锁住，别让线从布料经纬纱中滑走脱线。手针穿好线就要在末端打一个小疙瘩，方法是捏住线的末端绕食指（或中指）一圈，用食指和大拇指一搓一拉，一个疙瘩就好了，疙瘩的大小是根据手指搓的圈数决定。收线的疙瘩，是用线绕着针尖绕两圈，手指压着出针部位的根部将针完全拉出，收紧。但是遇到纱织粗的亚麻布、棉纱布，光光打一个疙瘩可是不够的，疙瘩也很容易从纱织缝隙中溜走，这时候需要将针挑起布料的几根纱来打疙瘩，这样就绝对安全了。

起针打疙瘩

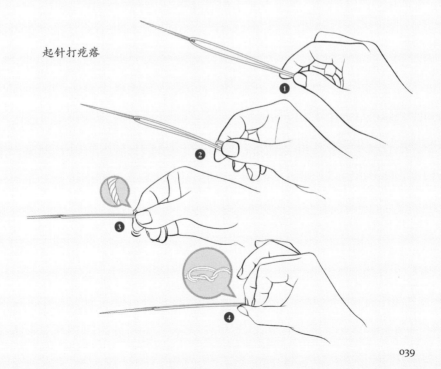

收针打疙瘩

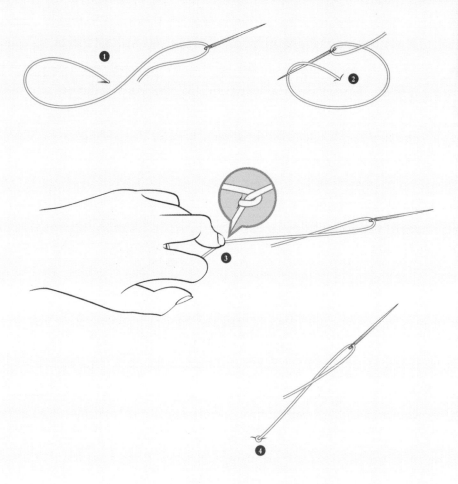

防绕线技巧

我们时常遇到手针从某一针孔拉出来的时候，由于针孔处不均匀的阻力，使拉出来的线长短不一致，有时候还容易打结，心烦意乱。只在特有耐心的时候，才会小心地一点一点拆解，但是如果三番五次地打结，一怒之下我会把手里的活都扔了，去练几分钟的气功再回到原位。这里告诉大家一个简单的小技巧，就是穿好线打好疙瘩后，将针尖穿过距离针鼻大约3cm处的双线中间，一拉，没有任何痕迹，其实是将两根线缠绕在一起，再也不会因为阻力不均，各走各路了。这是妈妈教给我的办法，我一学就会了。

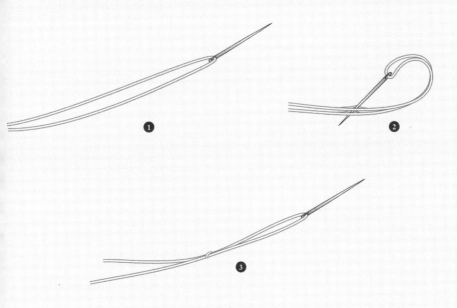

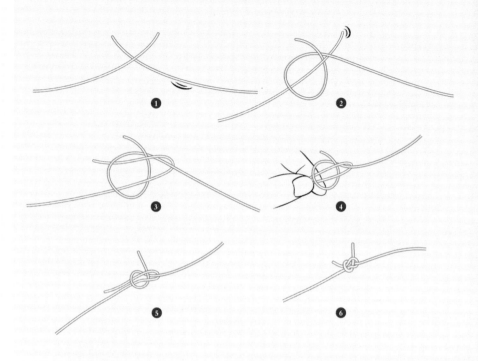

接线技巧

如果你不经常做手工活儿，那么这个办法即使学来了，估计下次遇到接线的时候，你还是要拿出来这本书照着做一遍。我娘教了我很多次，我现在还是不会，所以我写这个的时候，又要虚心地听着"笨猪"的念叨，把娘接线的每个步骤拍下来，然后一一画出步骤。织毛线、绣花、拼布、十字绣都会遇到没有算计好线的长度，活没有干完，线不够用，又陶醉地缝啊缝啊忘记了收线，以至线短针长疙瘩都不能打，这个时候我都是直接交给娘帮我接线了。当然这是万不得已的时候，遇到娘心情不好会说："教你一百遍都不会！"然后怂怂地眼花缭乱地接好，我也不敢学了，所以为了面子，大多情况我都宁可浪费线，也要记得一定够长够用。

换线技巧

你经常为穿针引线烦恼吗？请用穿线器吧，然而有时候习惯就是那么倔强，我总是耐烦地用完一根线就穿一根线，如果能一次顺利地穿过，心情就会很好，找不到穿针器反而会让我心情很糟。但总会遇到因为年纪大，或者光线不好、针孔太细了、眼神恍惚，穿线这个简单的活也变得让人毛躁起来。我虽然是娘的穿线器，但是每天只用穿一次，因为她有绝招可以直接换线哦。这个办法缝纫大师傅也常用，缝纫的时候也经常需要更换不同颜色的线，缝纫机穿线比手针穿线更麻烦，手工活真的需要心灵手巧哦。

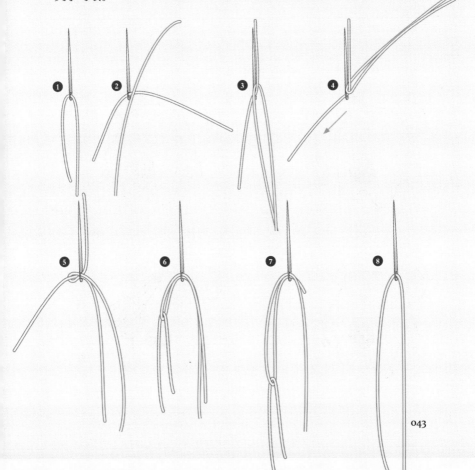

收针技巧

最好理解的收线方法是将线的末端贴紧布料打一个疙瘩，但是即使是隐秘处收线，疙瘩也会偷偷地露出来，就算疙瘩不出来，疙瘩的尾巴线也会出来，所以最重要的还是尽量把疙瘩打在隐蔽处，然后参考这个办法做点修饰。听好啦：疙瘩尽量打在有缝纫机针脚的附近，不要剪断线，将针从疙瘩边的某处空隙大点的针脚插进去，从远处任意一个点出针，然后小心使力将疙瘩扯进刚才下针的针眼里，好了，贴着布料把线剪断。这样，我们便看不到疙瘩更看不到疙瘩的尾巴了，它们通通被藏进棉花里了。

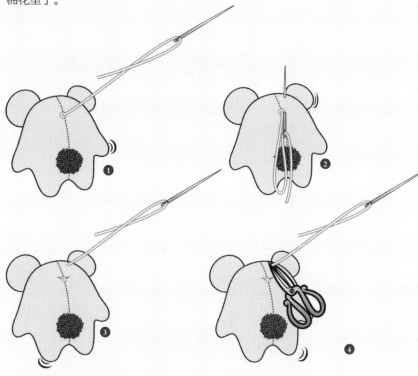

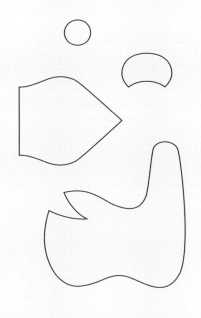

锥 眼

锥眼是用锥子在布上做的标记。
为了不留痕迹地在一块布上找到
对称的缝合耳朵的位置，可以将
布对折起来，用锥子在准确的位
置锥一个洞，这样记号很隐蔽，
而且绝对保证对称。

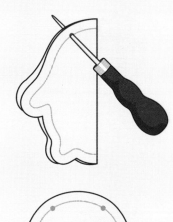

纸 样

纸样也称为样版、纸型。布偶的形
态是否漂亮，纸样很重要，类似服
装版型的重要性。一个好看的布偶
需要布偶设计师精心推敲纸样的形
态。所以很多聪明的手工爱好者会
问我，教程里有没有附送纸样呢?

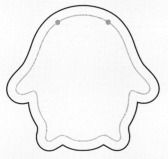

缝份

缝份又称缝头，是缝合线外缘部分。描绘纸样的时候一定要预留缝份裁剪，做布偶一般是4~5mm就合适了。如果是做大尺寸的布偶，缝份也要适当留宽一些。

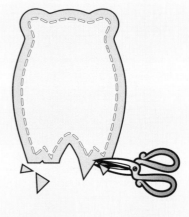

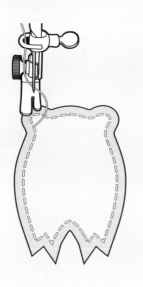

剪角

剪角，遇到尖角的转折处，如耳朵尖、小猪蹄尖，由于翻布后缝份折叠会挤到一块，凹凸不平，影响美观，所以在翻布之前，我们先将这些部位剪角，这样翻过来就好看多了，不过剪角要注意不要剪得过多！

牙　口

牙口也称剪口，和剪角一样，
也是为了解决缝份的毛病。布偶
的凸形部位，如极端凸的尖角耳
朵，需要对缝份做剪角，避免缝
份过多折叠；那么布偶的凹形，
如布偶腰部、腋下、胯下这样的

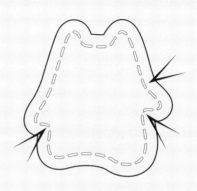

转折部分，就需要对缝份剪牙口了，因为缝份太宽会牵扯住。形象点
说，就像有些小孩子舌根太深，影响说话，如果适当剪开点，舌头活动
余地就大了，就能说会道了，这样举例有点可怕，但是便于大家理解。
不过剪牙口一定要小心，不要剪到缝好的线，否则就前功尽弃了。所以
我推荐用专门的小牙口剪，刀口快，牙口深度也容易把握。

翻　口

我们可以将布偶的每一个部分看作
为一个布袋子，然后在布袋子里塞
棉花，填充饱满。翻口是缝纫的时
候预留的缺口，缝好的布偶表皮从
翻口处翻到正面，再从翻口处塞入
棉花，最后要用对针缝将翻口缝合。

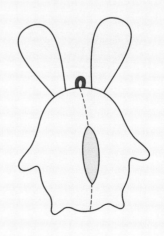

疏 缝

疏缝就是稀疏的平缝针，有时候遇到需对齐的布片过大或者过小，珠针不方便使用，我们也可以用疏缝来固定，作业完再拆掉疏缝就好了。所以针脚不计较是否均匀，起到合适的固定作用就好。

缩 缝

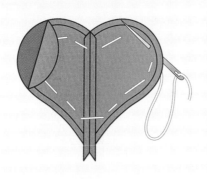

遇到需要收紧口的部位，如糖果的两端、猪妹妹的裙子，都需要先等距地疏缝，也就是出针入针的距离完全一致，再收紧，虽然它不会显露出线迹，但是疏缝密度切记要均匀，这样才会有整齐漂亮的褶皱。

锁 缝

由于翻口处塞棉花需要用镊子或者
手，用力的时候很容易将翻口两端
的缝线崩开，所以在机缝的时候，
需要在翻口两端顺针、回针反复两
次，如果是全手工缝，也可以参考
机缝，在末端原地上下来回缝几针
锁缝，以求牢固。

手缝

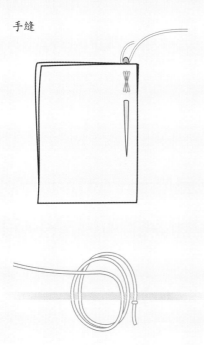

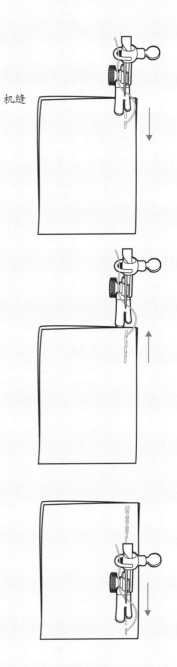

049

布偶制作
教程篇

工具图解

缝纫机

珠针

手工针

画胭脂毛笔

气消笔

剪刀

熨斗

锥子

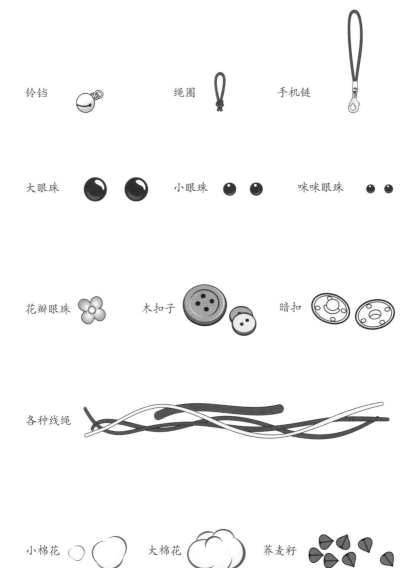

铃铛

绳圈

手机链

大眼珠

小眼珠

咪咪眼珠

花瓣眼珠

木扣子

暗扣

各种线绳

小棉花

大棉花

荞麦籽

符号图解

起止点　　● ●

正面 / 反面　

翻面　

锁缝　

收紧　

捻边　

指示箭头　

面与面对齐　

使用锥子　

使用镊子　

内外翻　

牙口　

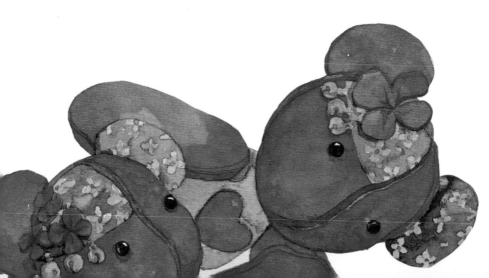

手工线（橘色）　　　▭▭▭▭▭▭▭▭▭▭▭▭▭

车缝线（蓝色）　　　▭▭▭▭▭▭▭▭▭▭▭▭▭

描版线（黑色）　　　━━━━━━━━━━━━━━

反面透描版线（灰色）　─────────────

裁剪线（蓝灰色）　　　─────────────

缝合参考线（咖啡色）　─ ─ ─ ─ ─ ─ ─ ─ ─ ─ ─ ─

气消笔描版线（紫色）　━━━━━━━━━━━━━━

心疙瘩

花布 6片
蜡绳圈 1枚
铜铃铛 3颗
棉花 1朵

难度系数 ★★

做了拼布鱼和小熊后，想做一个很简单又有爱的小布偶，于是想到了"心"形，小小的可以挂手机，大点的可以挂在帐钩或者柜门把手上。我想象，如果用同一色系的棉布，各种小花、格子和条纹，搭配起来做很多个心疙瘩，串成门帘，一定会很美。心疙瘩制作并不难，重点是棉花要填塞得漂亮，两个肩膀圆圆的，且要有点腰身，制作的时候要注意这个形状哦。第一件作品，希望大家有耐心，做一只漂亮的心疙瘩出来。

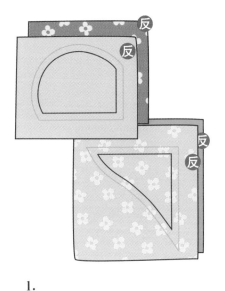

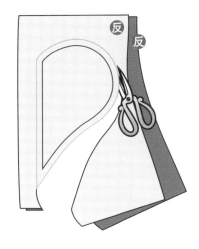

1.

首先，将纸样分别用气消笔描绘到搭配好的花布反面，在纸样边缘留出一定的缝份剪下来，缝份一般留4~5mm。

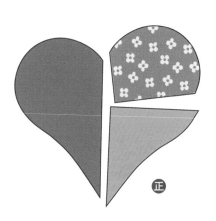

2.

注意心疙瘩两面的3片花布搭配顺序是完全一致的，这样拼合起来后，拼合的一半心刚好与完整的一半心相邻，巧妙地均衡搭配，理解了吗？

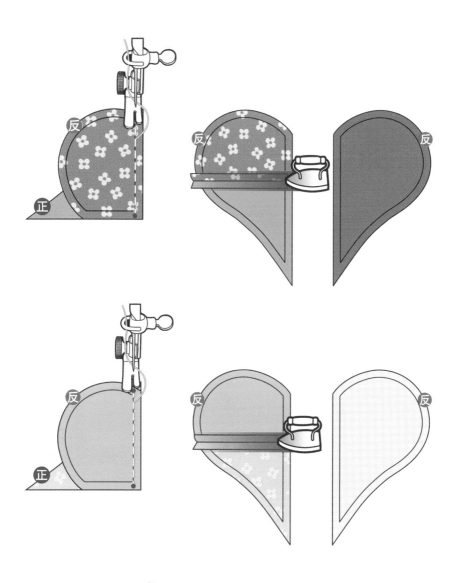

3.
先将2小片花布对齐，用缝纫机拼
合，并分别劈缝，熨烫平整。

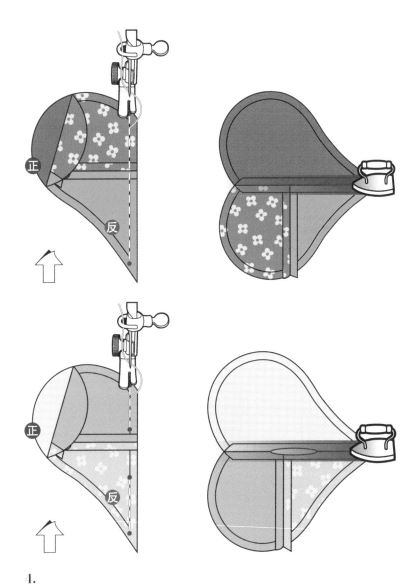

1.

再将拼合好的一半心和完整的一半心直边对齐拼合起来，其中一面拼合的时候要预留塞棉花的翻口。将劈缝熨烫平整，熨烫这个步骤很重要，拼接的步骤越多，产生误差的可能性就越大，所以大家不要偷懒哦！

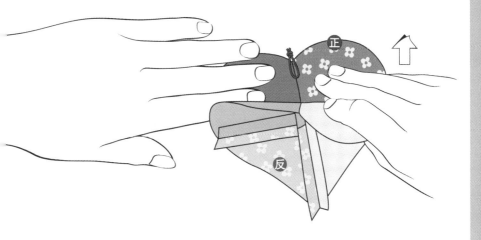

5.

下面就要将前后片缝合起来了，这里的要点是要准确对齐，纵向中缝对齐，横向以小片花布的拼合缝水平对齐。还要记得将小红蜡绳圈按照图示位置放置准确，圈头朝内。

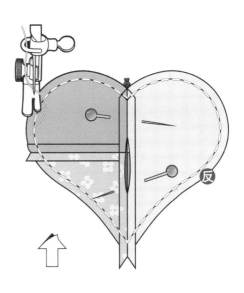

6.

因为心疙瘩尺寸有点大，大家最好先用珠针将前后片固定好，然后用缝纫机沿着纸样线迹缝合一整圈。

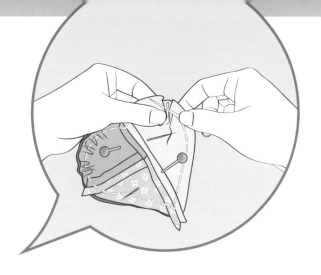

7.

这里有一个小技巧哦，为了让心疙瘩的肩膀圆滑，我们需
要在肩膀部分用平针缝均匀地疏缝一段，请参考图示中橘
色手工线的长度，并且适当收紧产生点褶皱，并打疙瘩锁
住。收紧的程度大概是肩膀边缘微微翘起即可。

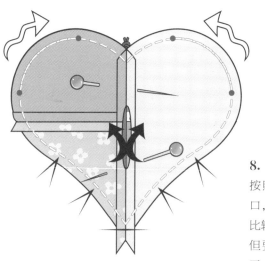

8.

按照图示的位置剪几个牙
口，心疙瘩尖端余下的布料
比较多，需要一刀平剪掉，
但要小心，不要剪到缝线
了。然后从翻口处将心疙瘩
表皮翻过来。

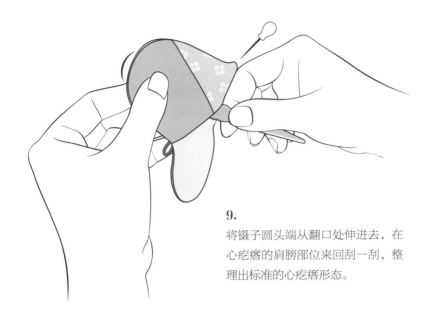

9.

将镊子圆头端从翻口处伸进去，在心疙瘩的肩膀部位来回刮一刮，整理出标准的心疙瘩形态。

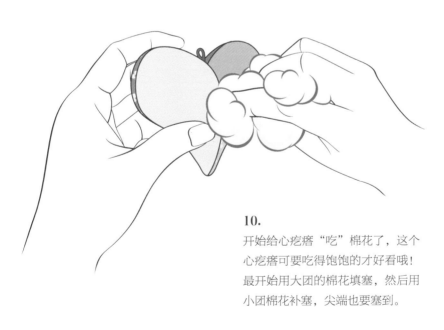

10.

开始给心疙瘩"吃"棉花了，这个心疙瘩可要吃得饱饱的才好看哦！最开始用大团的棉花填塞，然后用小团棉花补塞，尖端也要塞到。

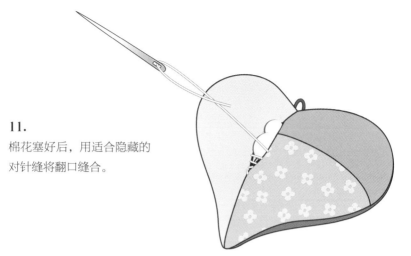

11.
棉花塞好后，用适合隐藏的
对针缝将翻口缝合。

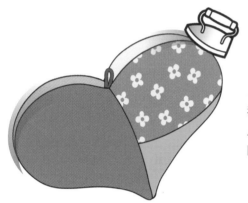

12.
我们拿熨斗将它的肩膀部位重
点整烫一下，让肩膀看起来更
圆润。是不是很简单呢?

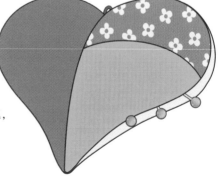

13.
先借珠针帮我们固定一下位置吧，
注意保持均匀的间距。

14.

最后我们要给心疙瘩装饰3颗漂亮
的小铜铃铛，我喜欢将铃铛只用
在腰的一边，这是一个非对称的
设计。

15.

分别用两圈锁缝针缝住铃铛上的小
圆圈，我们完全可以用一根线一次
将3颗铃铛缝好。一个有爱的心疙
瘩就完成了！

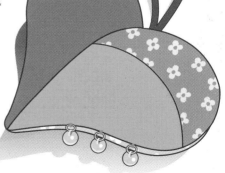

旺财狗骨头

花布　5片
蜡绳圈　1枚
铜铃铛　3颗
棉花　1朵
手机链　1条

难度系数　★★

旺财狗骨头是狗年为旺财设计的爱物，虽然个子小巧，但也用了5片花布拼接，这个尺寸适合挂手机，也可以挂在包包上，当然还可以试试将纸样放大，做成车枕、腰枕，或者设计更复杂的拼花做一个大大的旺财狗骨头抱枕。旺财狗骨头与心疙瘩的制作步骤相似，但是难度稍高，重点是4个端头要做出鼓鼓囊囊的饱满感才会显得精致哦。

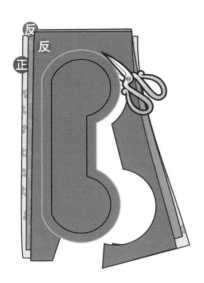

1.

旺财狗骨头是5片花布的拼接设计，一面是3片拼
布，一面是2片拼布。设计好搭配方案后，将纸
样描绘到花布反面，留出缝份剪下来。

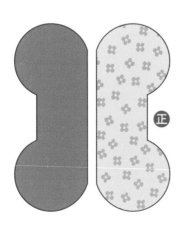
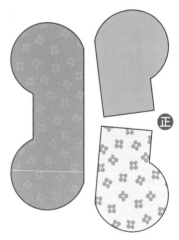

2.

5片花布裁剪好后，按照自己搭配
的方案摆放欣赏一下，漂亮吗？

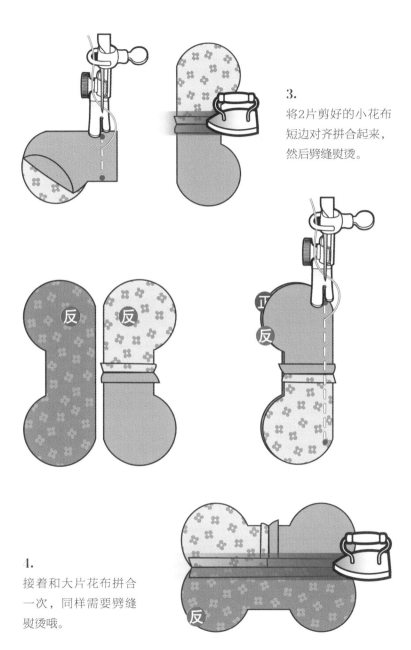

3.
将2片剪好的小花布短边对齐拼合起来，然后劈缝熨烫。

4.
接着和大片花布拼合一次，同样需要劈缝熨烫哦。

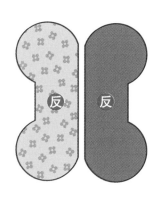 

5.
注意，其中一面在拼合的时候要留出塞棉花的翻口，翻口两端要用锁缝固定，防止崩纱。

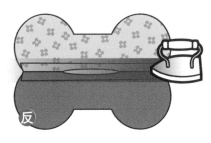

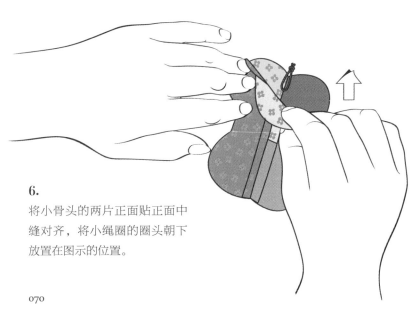

6.
将小骨头的两片正面贴正面中缝对齐，将小绳圈的圈头朝下放置在图示的位置。

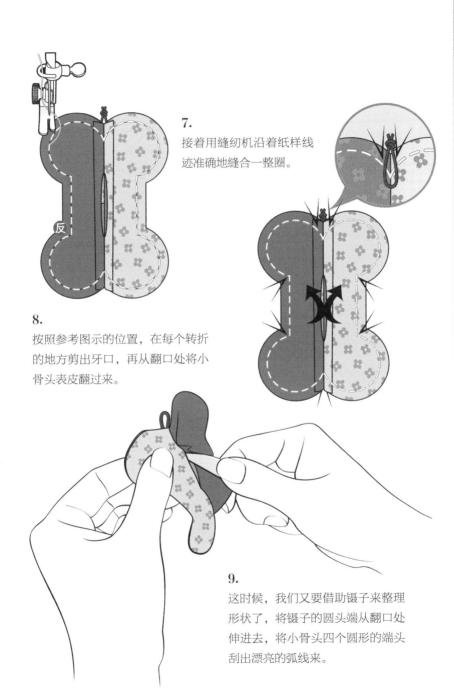

7.
接着用缝纫机沿着纸样线迹准确地缝合一整圈。

8.
按照参考图示的位置，在每个转折的地方剪出牙口，再从翻口处将小骨头表皮翻过来。

反

9.
这时候，我们又要借助镊子来整理形状了，将镊子的圆头端从翻口处伸进去，将小骨头四个圆形的端头刮出漂亮的弧线来。

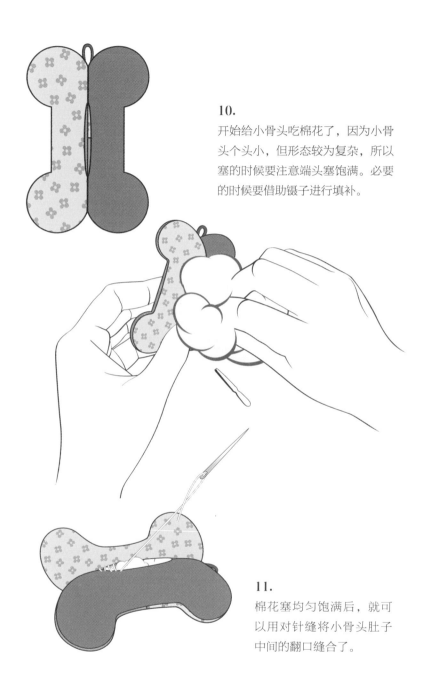

10.
开始给小骨头吃棉花了，因为小骨头个头小，但形态较为复杂，所以塞的时候要注意端头塞饱满。必要的时候要借助镊子进行填补。

11.
棉花塞均匀饱满后，就可以用对针缝将小骨头肚子中间的翻口缝合了。

12.
别忘记用熨斗来给小骨头的
4个圆形端头整整形哦。

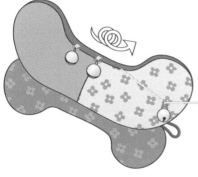

13.
最后在小骨头的腰部缝上3颗
漂亮的小铃铛，注意间距要均
匀，也可以先用珠针在这里定
好位后再缝。

14.
完美的旺财狗骨头就
做好了。如果大家想
把它做成汽车上的脖
枕，这个外形也很舒
服喔，关键是洋气得
不要不要的，发挥一
下想象力，除此之外
还可以做成什么呢？

手工杂记——
手工时间

　　做布偶，看似一件简单的工作，有时候却很漫长。因为灵感这家伙就像窗前枝头的那只小鸟，它会在你期盼中飞来，也会毫不客气地没被你看够就飞走了，这样一来，一个布偶有可能让我做上大半年，或者更久。

　　从开始想做一只布偶，到开始动手制作，布偶总需要在我的脑子里住很久。走路、喝茶、睡不着、坐车发呆……我都在想怎么来做这家伙。即使全部想好，也不一定要赶紧做，一定要等到某一天，天气很好、心情很好又够闲暇，我会告诉自己说："来吧，试试把你做出来！"于是端来针线笸箩开工了。制作第一只布偶，是一个问题多多却有趣的过程，描画纸样，反复地试验，如同给一件衣服打版，光画几张效果图可不够，要看看它拿在手上的样子。一个立体的形态如何通过面料的分割拼接，得到我想要的那只这里胖、那里瘦的布偶，实属最艰难的一步。一只简单的拼布苹果，我做了五只才得到最终的满意形态，所以工作台上有很多形态奇异的针插，都是失败的试验品，看着它们我就会笑话自己："原来布偶打版师就是这样修炼出来的呀。"

　　就这样耐心地，一步一步地，那个在脑子里住了很久的布偶，活生生地呈现在我手里。每一个做手工的姑娘应该都能体会那样的心情吧，真的无以言表。当然有时候很残酷，做出来和想象的差距甚远，或者不知道怎么继续了，它们会重新躺回针线笸箩里，期待着窗前的小鸟再飞来。那些暂时没有灵感继续的布偶，总是被我装在包包里，跟我去上班去遛弯，时不时拿出来瞧瞧，想想下一步应该怎么做。我会相信时间和专注的力量，布偶也是有生命的，它的生命力就是看你多么专注地爱它。有一次，在一个朋友家里看到一只我两年前送给她的小熊，她一直很喜欢，但是她珍爱的方式不是放在柜子里锁起来也不是拿塑料袋遮盖，而是放在觉得最适合小熊坐姿、最适合自己心情的书架上，有阳光也有灰尘。她很爱这只小熊，时常给熊拍拍灰尘。两年，阳光晒褪了小熊原本的草绿色，灰尘渗透进纤维，有点点沧桑感，虽然我没有将小熊抱入怀中的欲望，但是小熊的样子比新的时候更能打动我，隐约觉得有它做伴时间变得更有灵性，好像也感染了主人的气质，还能感受到主人对它的喜爱。

对于手工制作者也一样，每当看到手工师傅给大头猫缝完嘴巴的时候都会情不自禁地微笑，让我很感动。我深信她将爱的感情缝进了布偶，布偶也会将这份爱表达出来。西安的手工布老虎会有不同的价格，精致的贵些粗糙的便宜，老板说这是老师傅和新人的手艺区别。精致粗糙不仅是手艺的高低，我认为"精致"也是一种对待作品的态度，一件针脚缜密却不够整齐的作品我们同样会不知不觉被打动，我想只有一心想做好的人才会花更多时间把针脚做得密密挤挤的吧。就是这么神奇，对于一件手工作品的感情，你如果认为可以用专业技能伪装，或者缺乏技能就心不在焉花很多时间去做，都是掩饰不了你对作品的情感的。而恰恰作品能感染人、打动人，就是需要看你有多少感情投入，其他都不重要。老子说"大巧若拙"，就是告诉我们只要你顺应了你的感情去做，不用刻意修饰，它也会有打动人的力量。

做布偶也让我明白一个道理，真诚对待一个人、一件事情是多么重要。

小甜心糖糖

难度系数 ★★

花布 3 片
蜡绳圈 1 枚
铜铃铛 1 颗
棉花 1 朵
手机链 1 条

不要小看这个糖果哦，我可为得到糖果两端自然蓬松感的揪揪耳朵，捏着针线琢磨了大半个下午，妈妈都夸我研究的制作方法很巧妙呢。弟弟婚礼酒宴上将九十九颗幸福的红色布糖果抛向亲朋好友，大家都赞不绝口，你也赶紧试吧。糖果的技巧比较多，一定要严格跟着教程一步一步来，重点是手工针法要均匀细腻，相信你会做得和我一样漂亮。糖果总是甜甜蜜蜜的象征，有没有想过藏一个秘密在糖果的肚子里送给他呢？

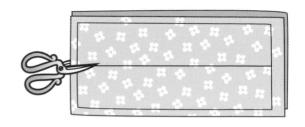

1.

制作糖果前，我们先来认识一下糖果的结构，3片花布分别做糖果的耳朵、耳朵衬里和糖果肚子。首先将长条纸样描绘到做糖果耳朵和耳朵衬里的花布反面，预留缝份后直接裁剪下来。

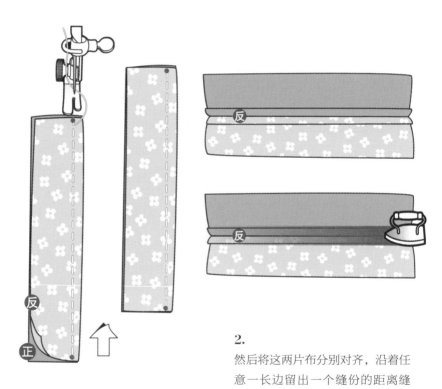

2.

然后将这两片布分别对齐，沿着任意一长边留出一个缝份的距离缝合，并分别将反面劈缝熨烫平整。

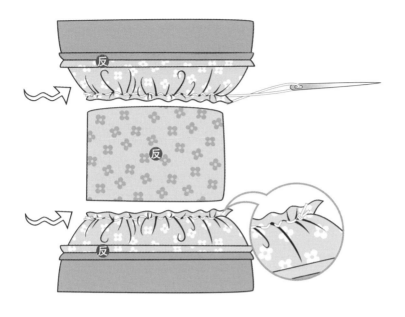

3.

为了做出糖果耳朵蓬开的花朵效果，我们需要手针来帮忙。在耳朵花布边缘留一个缝份的距离用平针缝一道，并适当收紧，收出褶皱，收紧调节的长度刚好和糖果身子的棉布长边一致，打个疙瘩锁住，两边的耳朵都用同样的制作方法完成。

4.

然后，依照图示将糖果耳朵的褶皱边和糖果身子的长边反面对齐缝合。

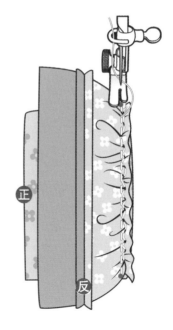

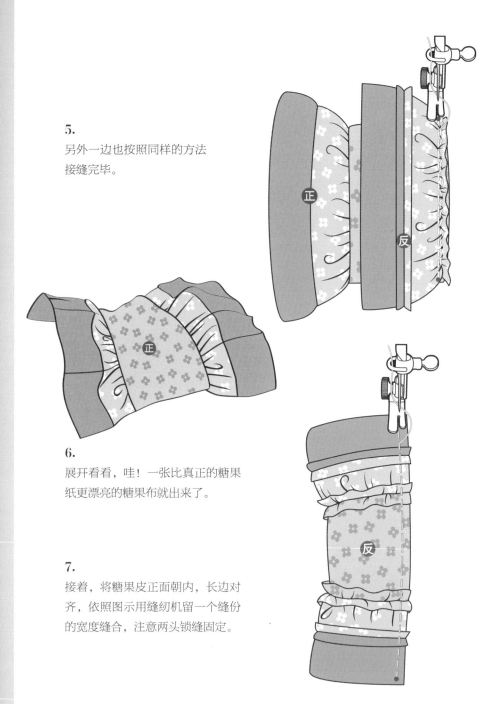

5.
另外一边也按照同样的方法
接缝完毕。

6.
展开看看，哇！一张比真正的糖果
纸更漂亮的糖果布就出来了。

7.
接着，将糖果皮正面朝内，长边对
齐，依照图示用缝纫机留一个缝份
的宽度缝合，注意两头锁缝固定。

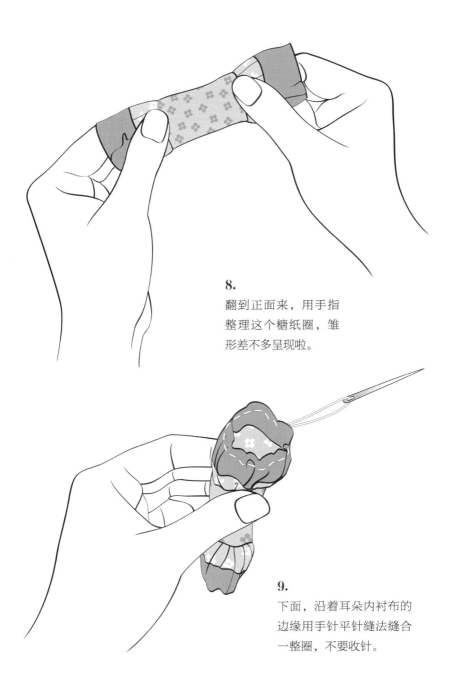

8.

翻到正面来，用手指整理这个糖纸圈，雏形差不多呈现啦。

9.

下面，沿着耳朵内衬布的边缘用手针平针缝法缝合一整圈，不要收针。

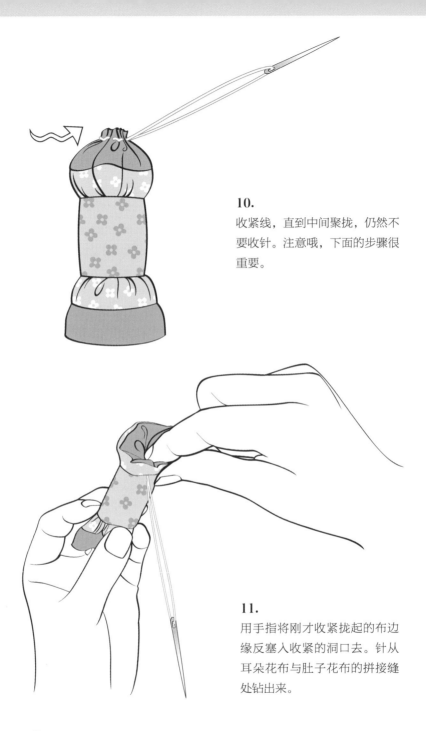

10.
收紧线，直到中间聚拢，仍然不要收针。注意哦，下面的步骤很重要。

11.
用手指将刚才收紧拢起的布边缘反塞入收紧的洞口去。针从耳朵花布与肚子花布的拼接缝处钻出来。

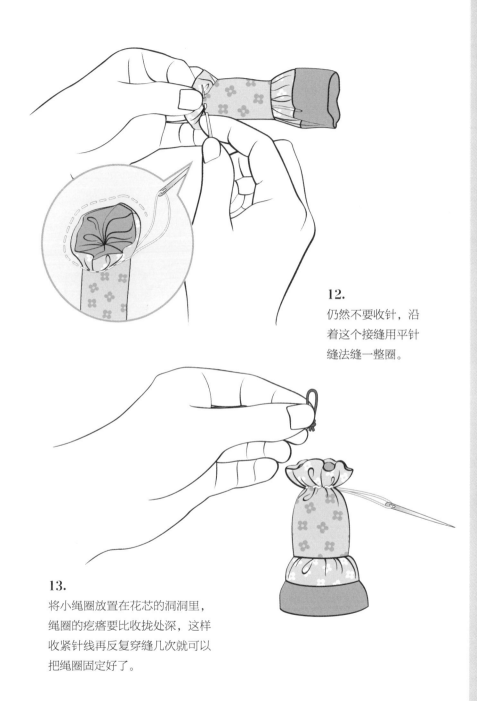

12.

仍然不要收针，沿
着这个接缝用平针
缝法缝一整圈。

13.

将小绳圈放置在花芯的洞洞里，
绳圈的疙瘩要比收拢处深，这样
收紧针线再反复穿缝几次就可以
把绳圈固定好了。

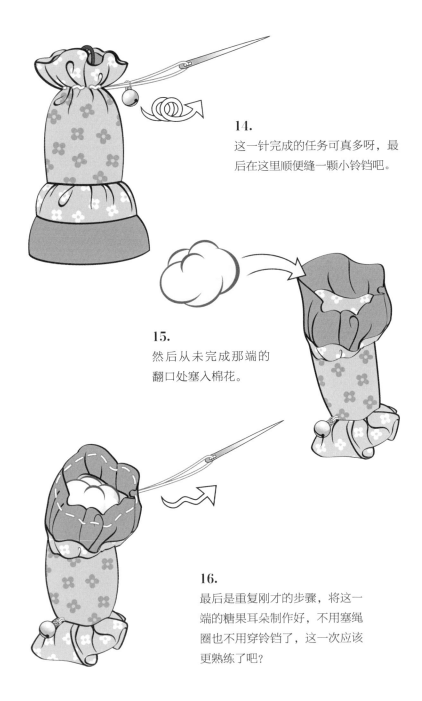

14.
这一针完成的任务可真多呀，最后在这里顺便缝一颗小铃铛吧。

15.
然后从未完成那端的翻口处塞入棉花。

16.
最后是重复刚才的步骤，将这一端的糖果耳朵制作好，不用塞绳圈也不用穿铃铛了，这一次应该更熟练了吧?

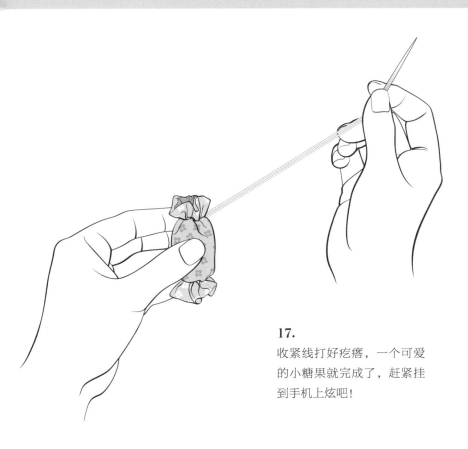

17.
收紧线打好疙瘩，一个可爱的小糖果就完成了，赶紧挂到手机上炫吧！

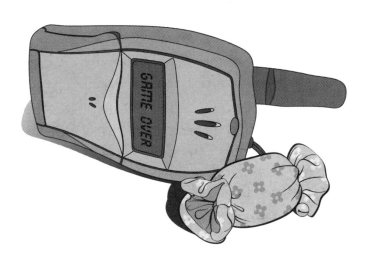

胖胖鱼

花布　　1片
牛仔布　　1片
蜡绳圈　　1枚
花瓣眼珠　　2枚
铜铃铛　　2颗
棉花　　1朵

难度系数　★★★

因为这条小鱼很胖，胖到分不出头和身子，所以叫做"胖胖鱼"。这个教程写起来是最简单的，可是我要告诉你，它是最难做的，如果做不好就一点都不可爱了。胖胖鱼最重要的是选好面料，身子花布最好选择纱织粗点的柔软纯棉布，盖帽牛仔布一定要有适当的弹力，剩下的就是要认真领悟教程中的要点，你一定会做好看的，相信我吧！我喜欢将胖胖鱼放在漂亮的陶瓷小碗里头，看上去很丰盛、很好吃。

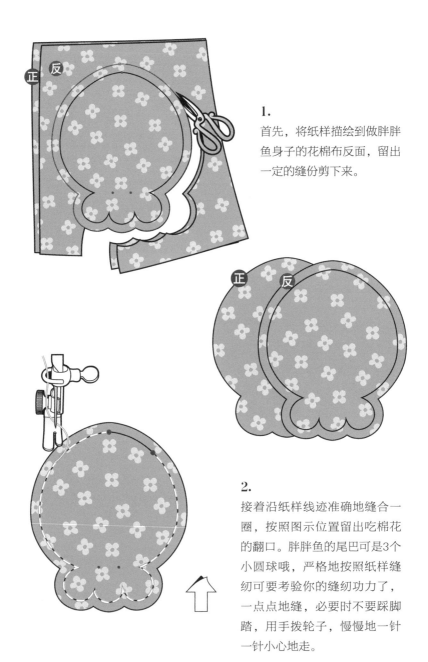

1.

首先，将纸样描绘到做胖胖
鱼身子的花棉布反面，留出
一定的缝份剪下来。

2.

接着沿纸样线迹准确地缝合一
圈，按照图示位置留出吃棉花
的翻口。胖胖鱼的尾巴可是3个
小圆球哦，严格地按照纸样缝
纫可要考验你的缝纫功力了，
一点点地缝，必要时不要踩脚
踏，用手拨轮子，慢慢地一针
一针小心地走。

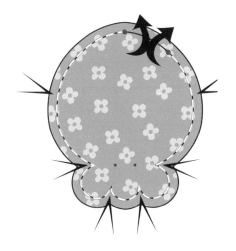

3.
胖胖鱼的形态转折比较多，每个凹陷的地方都要剪牙口，千万不要剪到缝线，适当贴近就好。

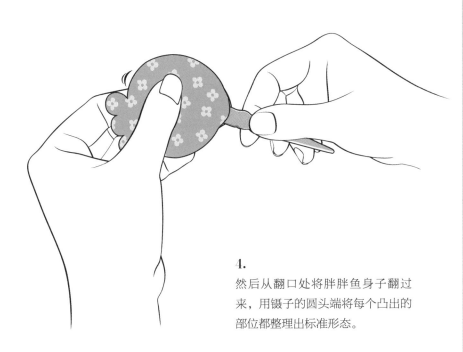

4.
然后从翻口处将胖胖鱼身子翻过来，用镊子的圆头端将每个凸出的部位都整理出标准形态。

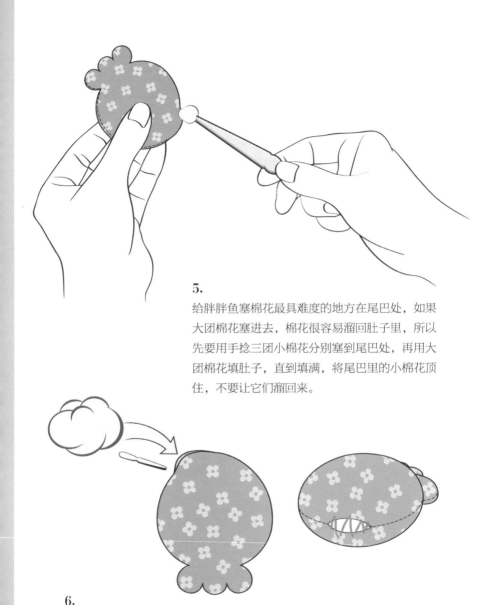

5.
给胖胖鱼塞棉花最具难度的地方在尾巴处，如果大团棉花塞进去，棉花很容易溜回肚子里，所以先要用手捻三团小棉花分别塞到尾巴处，再用大团棉花填肚子，直到填满，将尾巴里的小棉花顶住，不要让它们溜回来。

6.
因为是胖胖鱼，所以一定要喂饱了，最后把翻口缝合。这里疏缝不收紧，是为了让身子保持饱满感，后面的帽子会将这里遮盖住。

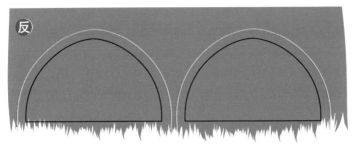

7.
胖胖鱼的头部为牛仔面料的盖帽设计，并且是有点弹力的牛仔布哦。方法
是将牛仔布剪一小缺口，用手撕扯一块下来，得到自然的须边，也可以多
拉几根棉纱下来，毛毛的须边更长些。依照图示将纸样描绘到牛仔布上，
大致对齐须边。

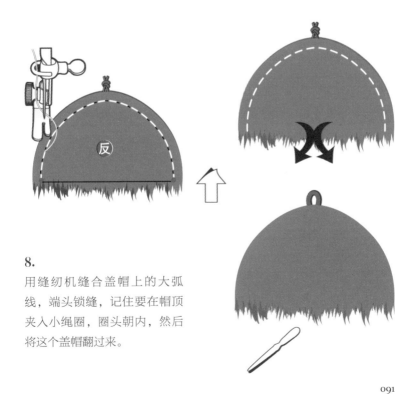

8.
用缝纫机缝合盖帽上的大弧
线，端头锁缝，记住要在帽顶
夹入小绳圈，圈头朝内，然后
将这个盖帽翻过来。

9.
现在我们将盖帽套到胖胖鱼的头上吧。

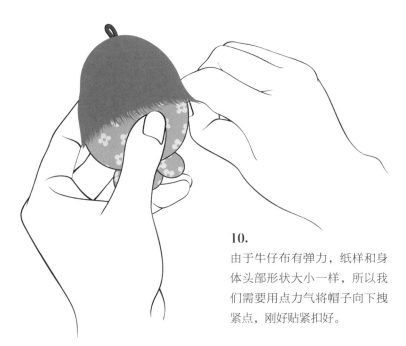

10.
由于牛仔布有弹力，纸样和身体头部形状大小一样，所以我们需要用点力气将帽子向下拽紧点，刚好贴紧扣好。

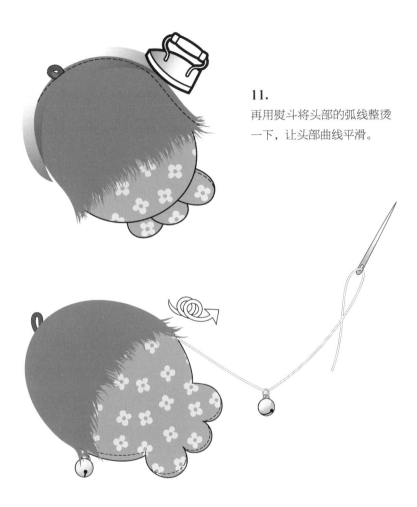

11.
再用熨斗将头部的弧线整烫
一下，让头部曲线平滑。

12.
将盖帽的两端和胖胖鱼的身子缝合固定，顺
便我们给它一边各缝一颗漂亮的小铜铃。

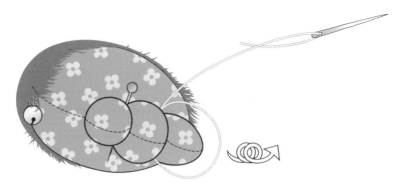

13.

为了突出胖胖鱼的可爱小尾巴，我们用线将3个小球分隔一下。方法是
用红色的线穿过图示珠针定位处（见纸样上的标注点），大锁缝2圈，
并且适当收紧，打结锁住，让3个小球尾巴呈现圆球立体的形状。

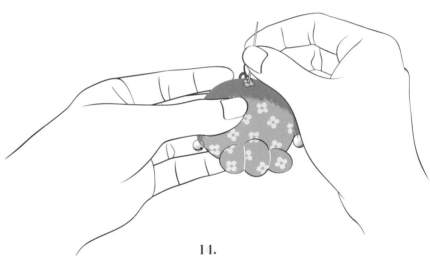

14.

最后是给胖胖鱼缝眼睛，我喜欢收集一些
合金的配件，这种花瓣形的铜质小配件给
胖胖鱼做眼睛很可爱呢。如果有漂亮的扣
子或珠子都可以拿来做它的眼睛。

15.
一只可爱的胖胖鱼就完成了。

手工杂记———

淘 布 记

我用"淘"来对待每一件心爱之物，美布，当然是要用"淘"的。武汉有
一座胭脂山，传说南海观音赶赴王母娘娘的蟠桃宴，途中歇息时打翻了一
个胭脂盒，胭脂落入人间，化作一座小山，名曰"胭脂山"。我从小生长
在胭脂山下，穿着这里的花布头做的衣裳长大。

关于胭脂路的记忆都是夏天，19路公交车上下来一波一波淘布的女人。这
里的花布让这些爱美女人上瘾，哪怕来看看，在身上披一下，总能有灵感
给自己一个用上它的理由，于是女人的衣橱永远都填不满，永远为胭脂路
的花布留一条未做的连衣裙。

繁茂的梧桐树下，很多竹床和三轮车，堆满了花花绿绿的三尺布头，都是
来自日本、印尼的零碎，也有香港的。卖布郎挑着秤杆论斤两卖，一件小
圆领衫一块布头就够了。小时候妈妈总是带着我在这里淘花布，做些简单
裁剪的花裙子、花褂儿。如果是为节日做的，就会先到裁缝店问问一件裙
子需要多少料子，然后淘布，再去量身定制，一个礼拜后就可以去取到那
件似乎惦记了一年的裙子。窥看胭脂路的每一间裁缝店，里面都会有一个
女人在镜子前陶醉那件只有自己穿得最合身的裙子，一直都是这样。现在
我也偶尔会是那个镜子前的女人，因为爱美布。

现在的胭脂路，没有小时候卖布头的竹床和三轮车了，而是很多间花枝招
展的小铺子。每一间铺子里都有一个在胭脂山长大的老板娘，她们向你抱

怨着天气、抱怨着生意、抱怨着进不到更加好看的花布，却永远都离不开这间开着花的铺子。老板娘们和我很熟络，知道我是那个做布偶的姑娘。她们关心我喜欢什么花色、什么材质的面料，如果没有，可以进货的时候在更大的市场帮我淘，如果进到一批漂亮的花布也会最先给我电话。淘布的时候经常遇到把身上的钱花光了，可以赊账让我将看上的花布先拿回去用，绝对不催我。还会心疼我拎布逛街太累，可以帮我照看买好的布，等我全部逛完再来取。

更多时候我希望自己是无形的，能肆无忌惮地翻看箱子里面是否藏着更漂亮的花布，或者抚着美布尽情地端详，像长老品鉴唐僧的宝物袈裟。如果旁若无人的陶醉会被精明的老板娘叫上高价钱，那可不是我乐意的呀。去过好多城市的布料市场，还是最爱胭脂山上的胭脂路，这里的花布零碎而斑斓，我爱的美布都在那里等着我淘出来，变身为布偶美丽的衣裳。

扣扣兔

素布　2 片
花布　2 片
蜡绳圈　1 枚
小眼珠　2 枚
木扣子　1 粒
棉绳　1 段
棉花　1 朵
手机链　1 条
难度系数　★★★★★

扣扣兔、国宝熊猫和河马妹妹是花囡囡三姐妹的宠物，扣扣兔善良又可爱，熊猫总是一副不高兴的耍酷样儿，河马妹妹好奇却胆小。这三个小布偶的制作方法和步骤有些相似，不过我在教程中分别侧重了要点，不至于讲解得啰嗦，如果大家不是按照教程的顺序学习，挑选其中一件开始的时候，遇到不够详细的地方，不妨翻看这个细节是否在其他两件中重点讲解了。

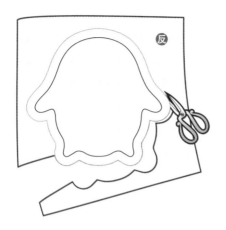
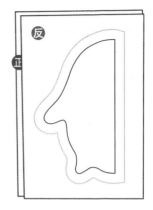

1.

首先，我们将扣扣兔
的纸样拿出来，分清
各个部位的形状，分
别将纸样描绘到身子
正面、身子反面、耳
朵前片和耳朵后片的
棉布上，都留出一定
的缝份剪下来。

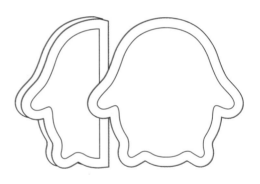

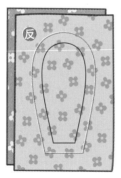

2.
先将两只耳朵的1片花布1片素布正面对正面分别对齐，并沿着纸样线迹缝合，留出下端的翻口。

3.
从翻口处将耳朵翻过来。

4.
然后按照图示的位置将耳朵正面叠出点耳朵褶子，锁缝几针固定。

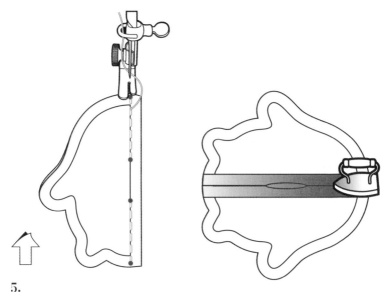

5.

将扣扣兔后背的两片素布对齐，沿着直边缝合，记得留出塞棉花的翻口哦，接着劈缝熨烫一下。

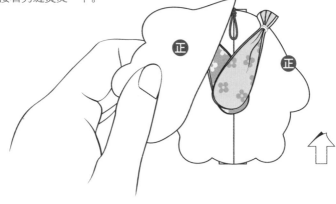

6.

再将扣扣兔的前片和后片正面贴正面对齐，并将做好的耳朵参考图示的位置和方向放置在前后片的中间，如果担心耳朵不听话移动位置，我们也可以先用手针将耳朵固定在前片耳朵生长点的位置（见纸样中耳朵标注点）。还要记住将绳圈按照图示放置准确。

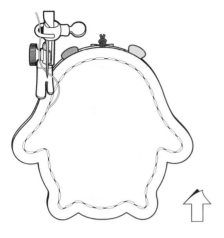

7.
用缝纫机沿着纸样的线迹将
它们缝合一整圈。

8.
再用牙口剪参考图示
位置仔细剪好牙口。

9.
然后从翻口处将扣扣兔的身体
表皮翻过来，显然镊子圆形端
头过大，不方便整形，那么我
们就改用锥子，仔细地将手脚
隐藏部分挑出来吧。

103

10.
然后从扣扣兔背后的
翻口处塞入棉花，小
小的手脚也要仔细塞
到。可以参考胖胖鱼
塞尾巴的方法。

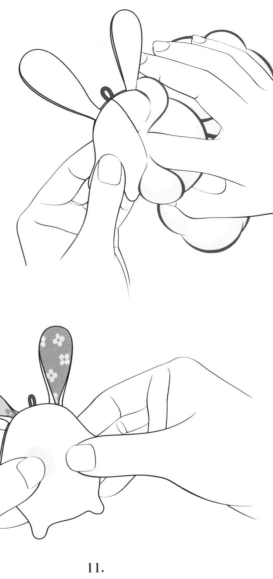

11.
一边塞一边捏捏扣扣兔的肚子，
一定要把它喂得饱饱的哦。

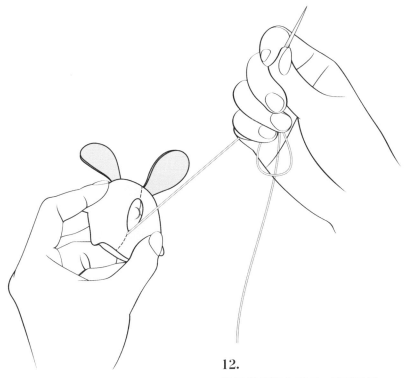

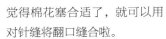

12.
觉得棉花塞合适了，就可以用
对针缝将翻口缝合啦。

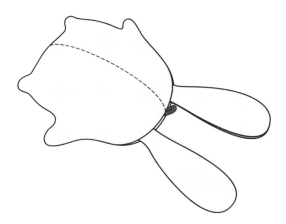

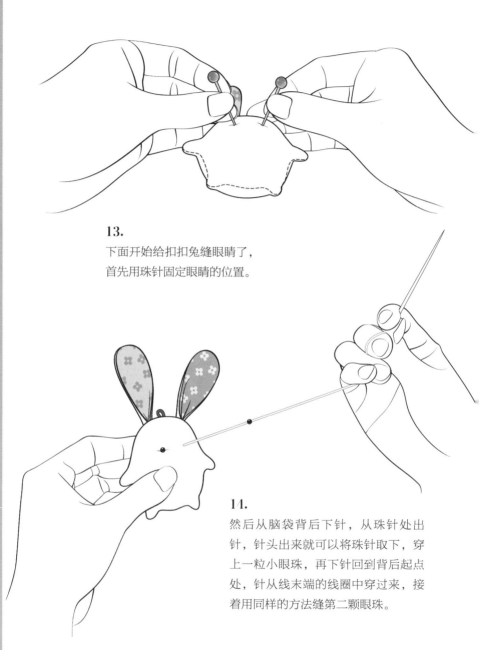

13.

下面开始给扣扣兔缝眼睛了，
首先用珠针固定眼睛的位置。

14.

然后从脑袋背后下针，从珠针处出
针，针头出来就可以将珠针取下，穿
上一粒小眼珠，再下针回到背后起点
处，针从线末端的线圈中穿过来，接
着用同样的方法缝第二颗眼珠。

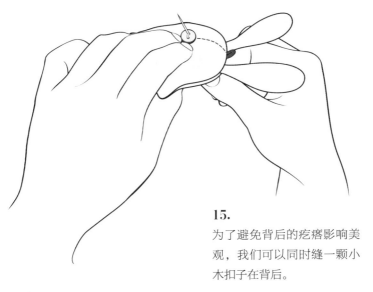

15.
为了避免背后的疙瘩影响美观，我们可以同时缝一颗小木扣子在背后。

16.
收针的时候需要适当拉紧线，要时刻检查眼睛陷入的深度，两只眼睛一定要保持一致哦，略微下陷一点就好了，通过拉拽线来调整。一定要调整好了才可以打疙瘩收针。

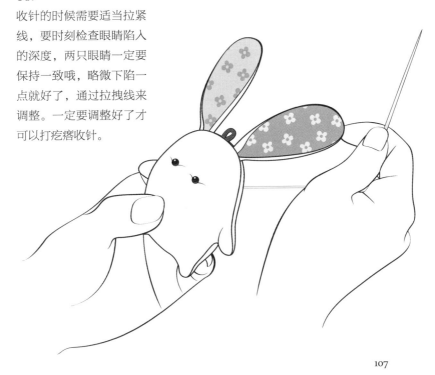

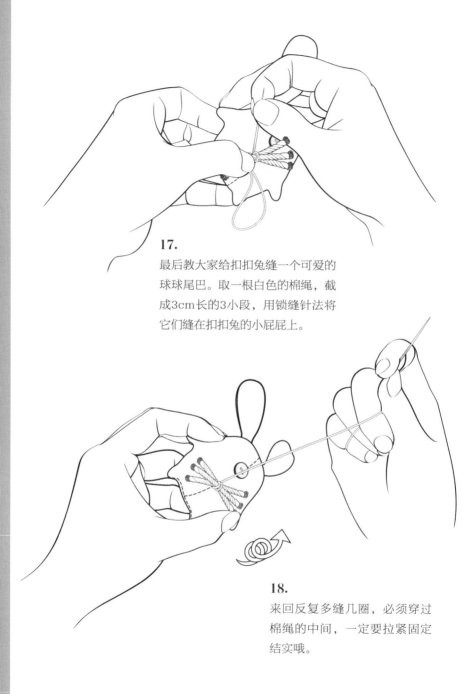

17.

最后教大家给扣扣兔缝一个可爱的
球球尾巴。取一根白色的棉绳，截
成3cm长的3小段，用锁缝针法将
它们缝在扣扣兔的小屁屁上。

18.

来回反复多缝几圈，必须穿过
棉绳的中间，一定要拉紧固定
结实哦。

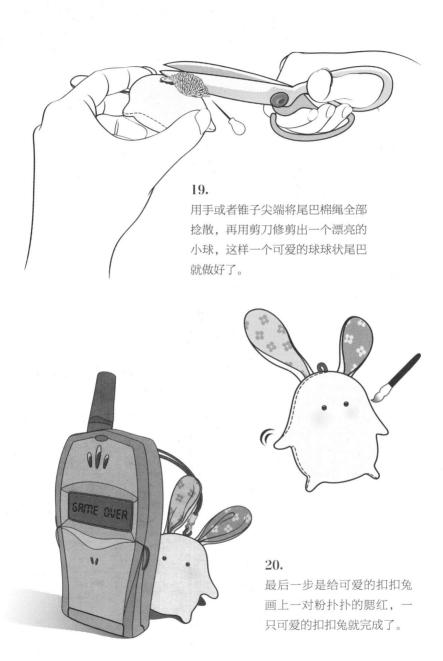

19.
用手或者锥子尖端将尾巴棉绳全部
捻散，再用剪刀修剪出一个漂亮的
小球，这样一个可爱的球球状尾巴
就做好了。

20.
最后一步是给可爱的扣扣兔
画上一对粉扑扑的腮红，一
只可爱的扣扣兔就完成了。

熊猫宝宝

难度系数　★★★★★

素布　2片
花布　1片
蜡绳圈　1枚
小眼珠　2枚
木扣子　1粒
棉绳　1段
棉花　1朵
手机链　1条

熊猫宝宝相比较扣扣兔要复杂许多，因为它身上有好几片贴片，请仔细用手针一点点缝精致喔，这也是小细节的体现。眼睛的位置也要严格参考纸样，间距太远或者太近都会影响熊猫的可爱度。当然最有难度的是两只小耳朵，缝漂亮还真不容易呢！不过只要有耐心，你一定会做好的，大不了多做几只，我也是这么越做越漂亮的。

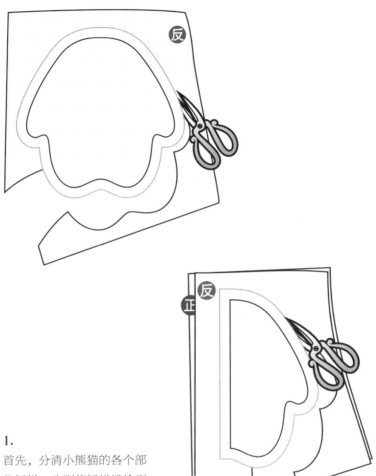

1.
首先，分清小熊猫的各个部位纸样，分别将纸样描绘到肚子、后背、耳朵正反面的棉布上，留出一定的缝份通通剪下来。

2.

记得眼睛和脚的贴
片不需要缝份。

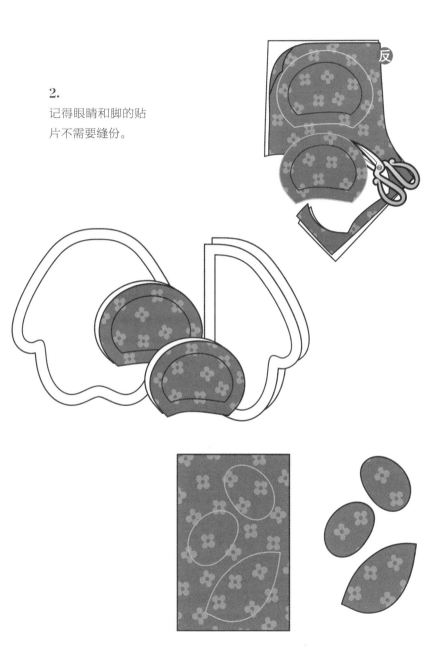

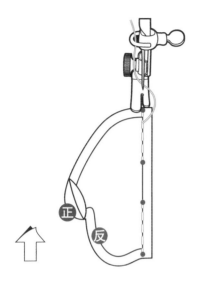

3.
将熊猫的后背两片素布对齐，沿着直边缝合，记得留出塞棉花的翻口，然后劈缝熨烫平整。

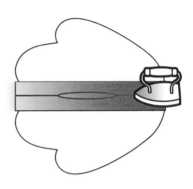

4.
熊猫的两只小耳朵是不一样大的哦，先分别将花布和素布贴好对齐，并按照纸样线迹准确缝合好，耳朵的整个根部都作为翻口留出来。然后在耳朵的缝份处适当剪几个牙口，再从翻口处将耳朵翻过来。用小镊子圆头端从翻口伸进去，顶着耳郭来回刮几下，刮出圆圆的耳朵形态。注意细节！不要偷懒哦。

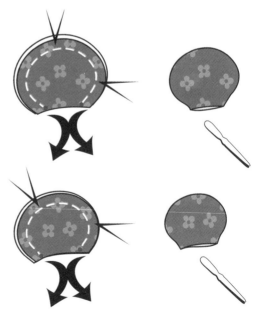

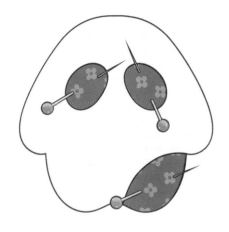

5.
小熊猫的眼睛和左脚花布都是用贴布绣的方式手针缝上的。首先，我们用珠针将眼睛的位置定位准确，脚上的花布可以贴紧前片的边缘对齐，也用珠针固定住。

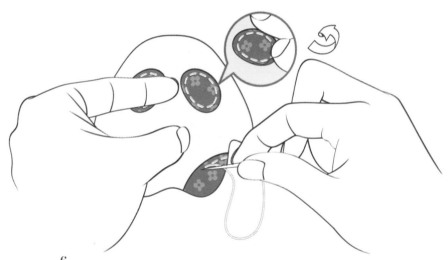

6.
然后用平针缝法距离布片边缘2mm的位置缝合一圈，针脚小点会显得精致，脚贴布只需要缝图示的那条弧线。认真仔细点哦，这里也是突出细节的地方。缝合好后，用手指肚将这些贴布的边缘搓捻一下，呈现须边的自然效果，这是为了增加手工感的细节。

7.

给小熊猫缝耳朵是有点难度的活。
我们发现耳朵的曲线和头部的曲线
是反向的弧线，不能像别的地方直
接对齐缝合。幸好布料是软的，这
时候我们只有先将耳朵根部的点固
定准确。

8.

然后拧着不听话的耳朵，顺着头顶
的曲线，用手针一针一针地将耳朵
曲线和头顶曲线强行缝合。这时候
的两只耳朵必然会出现褶皱啦，不
过没有关系，翻过来就会好看的。

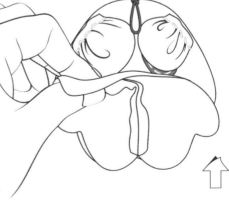

9.

将前片后片对齐，记住在头
顶夹个小绳圈，圈头朝内。

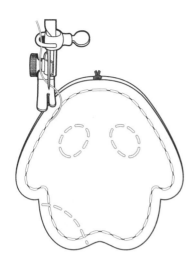

10.
用缝纫机沿着纸样线迹准确缝
合一整圈。

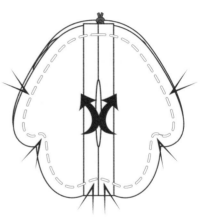

11.
然后在适当的位置剪出牙口。
再小心地从翻口处将小熊猫身
子皮翻过来。

12.
用镊子圆头端将这个小熊猫的身
子皮整理出标准的形态，特别检
查一下耳朵哦，好看吗？如果不
好看，希望你拆掉重来一遍。虽
然小熊猫长着一张永远不高兴的
脸，但我们也不要欺负它哦！

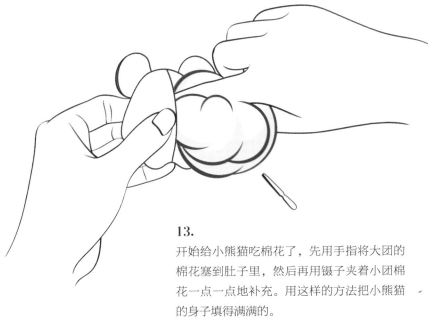

13.

开始给小熊猫吃棉花了，先用手指将大团的棉花塞到肚子里，然后再用镊子夹着小团棉花一点一点地补充。用这样的方法把小熊猫的身子填得满满的。

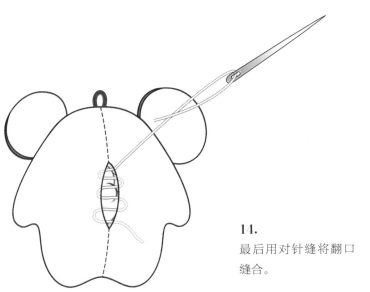

14.

最后用对针缝将翻口缝合。

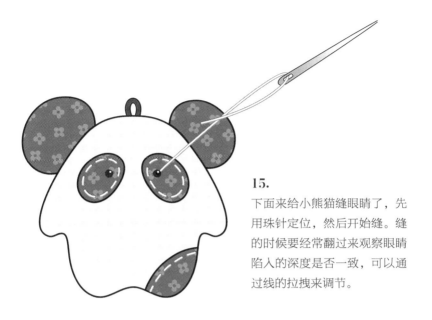

15.
下面来给小熊猫缝眼睛了，先用珠针定位，然后开始缝。缝的时候要经常翻过来观察眼睛陷入的深度是否一致，可以通过线的拉拽来调节。

16.
如果喜欢，背后缝一颗小木扣，够可爱，还可以遮挡背后的线疙瘩。

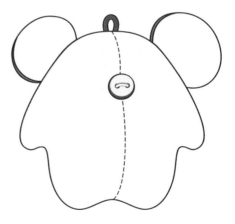

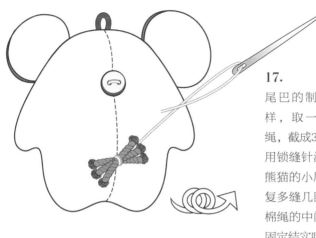

17.
尾巴的制作和小兔子一样，取一根咖啡色的棉绳，截成3cm长的3小段。用锁缝针法将它们缝在小熊猫的小屁屁上，来回反复多缝几圈，有必要穿过棉绳的中间，一定要拉紧固定结实哦。

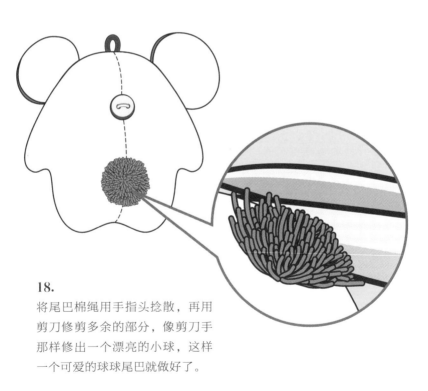

18.
将尾巴棉绳用手指头捻散，再用剪刀修剪多余的部分，像剪刀手那样修出一个漂亮的小球，这样一个可爱的球球尾巴就做好了。

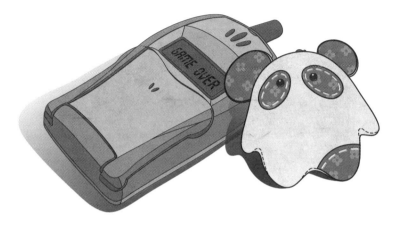

19.

整理整理，一只可爱的熊猫宝宝就完成了。

小时候的手工书

不知道从哪一天起，画画成了每一位设计师的必修课，没有新鲜可言。可是一切也变得很简单，就是用所有的业余时间拿着画笔画画就对了，没有时间去做针线、捏泥巴，拿着针线做手工的爱好属于童年。

每次清理书籍，我都会小心地将一本珍藏多年的手工书美美地翻阅一遍，我给它的标签是"妈妈买给我的第二本手工书""小时候最喜欢的一本书""开始让我幻想白马王子的一本书"。这本书的名字叫《姑娘们的手工活》，某个下午和妈妈一起在司门口新华书店发现的。妈妈不假思索地买给我，我们商量我做里面的布娃娃，妈妈将家里用剩的花毛线编织毛线娃娃送给我，总之我幻想着将会得到很多很多的布娃娃，那种兴奋无以言表。

后来只要一有空闲，我就跟着书老师学做布娃娃，我把里面的小天使做了很多个挂在我的床周围，守护着我睡觉。望着她们，我发誓将来要嫁一个每天送一个娃娃给我的男人，要拥有一个堆满娃娃的屋子。长大后，我也和大家一样没有实现小女孩的梦想，虫虫没有嫁给木匠，蛋壳没有嫁给张智霖，我没有嫁给娃娃工厂的老板。反而是每到节日生日，我都会送一个娃娃给未来的老公，心想以后这些就是我的了。而在老公送给我的所有礼物中，最浪漫的是一对捧着我的名字首字母的小熊。

我的第一本手工书大概是五岁时候妈妈买给我的，一本蓝色封皮的手工折纸书，我可以不用妈妈教，把书中所有的动物折出来。我自个儿琢磨明白了很多图解符号，折起来一点都不难，这很让妈妈吃惊，她很得意买了一本培养我动手能力的好书。只要提到折纸，我首先想到的不是千纸鹤也不是小纸船，而是这本书中的一只三脚骆驼。至今我还记得怎么折一只骆驼，当时我觉得它太像骆驼了，这么古怪的动物居然也能被折纸师创造出来。

谢谢这两本手工书，谢谢妈妈！

河马妹妹

素布 2片
花布 2片
蜡绳圈 1枚
小眼珠 2枚
木扣子 1粒
棉绳 2段
棉花 1朵
手机链 1条

难度系数 ★★★★★

河马妹妹其实很害羞的，她的嘴巴一点儿都不大，不信你揭开口罩，嘴巴小得都看不见了，她是妄想症严重的咖啡囡囡的爱宠。制作河马妹妹最有难度的是她的大口罩，最好选择柔软的纱布来做，制作的时候一定要细心，绳子的位置一定要准确，口罩的位置也是要等身子完成后，再依靠感觉来固定。幸好是做布偶，做得不好可以拆掉重新来一遍，如果是木偶，一刀刻坏就无法补救了。

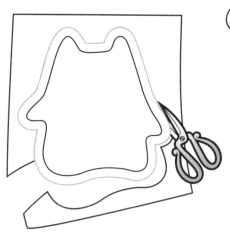

1.

分清小河马各个部位的
纸样形状，将纸样分别
描绘到棉布上，首先，
剪下身体的。

2.

小河马的额头和腿上各有一
片小花贴布，也剪下来，此
贴片不需要留缝份。

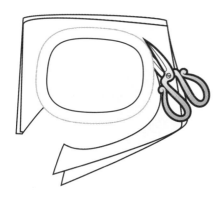

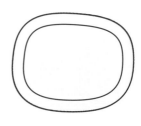

3.

还有一个遮住大嘴巴的口罩，也都需要严格将纸样描绘到相应的棉布上，留出缝份分别剪下来。

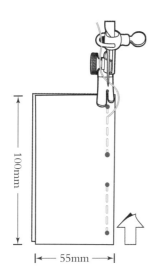

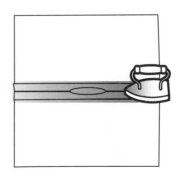

4.

小河马是非对称的设计，我们暂且用两块矩形的素布拼接起来，作为小河马的后背。用缝纫机将背后两片素布长边对齐缝合，中间预留塞棉花的翻口，然后劈缝熨烫平整。

5.

接着将耳朵和腿的贴片花布与正面素布相应位置对齐，用平缝针均匀地缝
一道。注意针脚均匀细腻，这是体现手工感的细节，线的两端一定要将疙
瘩打牢固。最后用手指肚将边缘捻一下，得到很自然的毛边效果。

6.

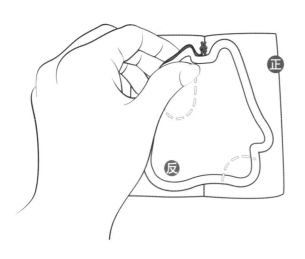

前后片都分别做好
后，就要将两片缝合
起来了。因为小河马
是一个非对称的布
偶，所以要用锥子在
前片锥出上下对齐的
点，位置参考纸样，
再将上下点和身体后
片的缝合线对齐，还
要记得将小绳圈依照
图示放置准确。

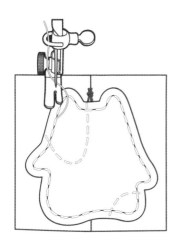
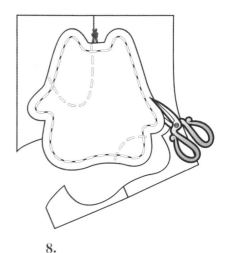

7.
前后两片对齐后不要挪动，用缝纫机沿着纸样的线迹缝合一整圈。

8.
贴齐前片边缘，将后片多余的布料剪掉。

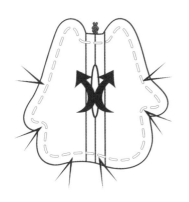
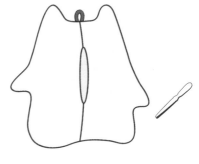

9.
用牙口剪在对应位置剪好牙口，然后从翻口处将小河马身体表皮翻过来，仔细地用镊子圆头端将她的耳朵手脚细节部分整理好，这样小河马的大致模样就出来啦。

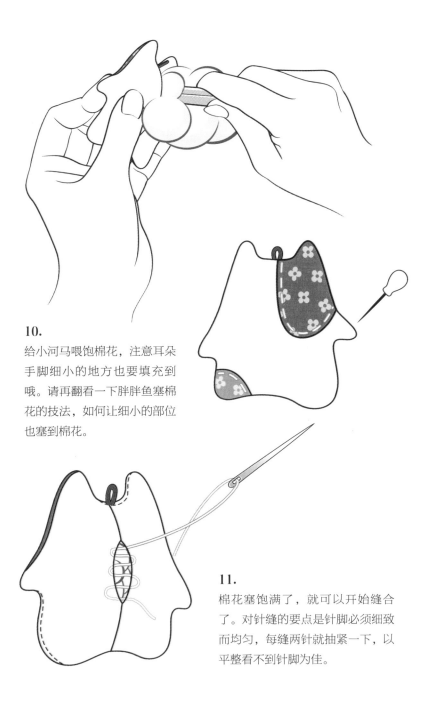

10.

给小河马喂饱棉花，注意耳朵
手脚细小的地方也要填充到
哦。请再翻看一下胖胖鱼塞棉
花的技法，如何让细小的部位
也塞到棉花。

11.

棉花塞饱满了，就可以开始缝合
了。对针缝的要点是针脚必须细致
而均匀，每缝两针就抽紧一下，以
平整看不到针脚为佳。

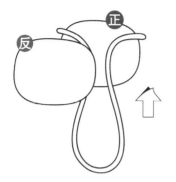

12.

下面来给可爱的河马妹妹做一个大口罩，因为她的嘴巴大，想要挡住可不容易。先将口罩棉绳夹在两片口罩棉布中间，按照图示将棉绳两端放置在口罩的两角。

13.

用缝纫机将正反对齐的布片和棉绳固定缝合，并在底部留出塞棉花的翻口，这里千万注意棉绳要避开缝纫机的针脚哦。

14.

再从翻口处将口罩翻过来。

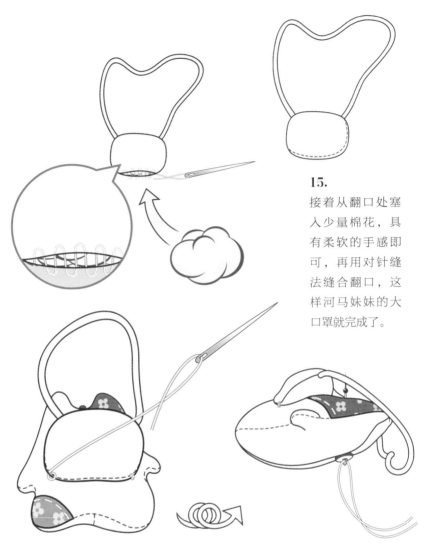

15.
接着从翻口处塞入少量棉花，具有柔软的手感即可，再用对针缝法缝合翻口，这样河马妹妹的大口罩就完成了。

16.
下面来给河马妹妹戴口罩。将口罩放在脸上比划位置，这个需要大家自己来判断啰，害羞的河马妹妹需要遮住不秀气的大嘴巴，只露出小眼睛，可以借珠针四角固定位置端详一下，合适了再下针，用锁缝缝住下面的两角即可。然后给她装上小眼睛，背后用一颗小木扣固定。

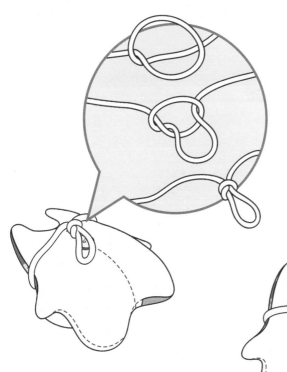

17.
将口罩上的棉绳圈套
过河马妹妹的头顶，
按照图解打好这个疙
瘩，注意要贴紧后脑
勺打疙瘩哦，仔细调
整，圈绳朝下。

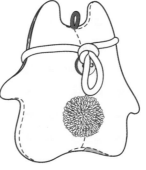

18.
最后按照扣扣兔的尾巴制作方法
给河马妹妹装上圆球小尾巴。可
爱的河马妹妹诞生啦!

猪妹妹

难度系数　★★★★★

素布　1片
花布　1片
蜡绳圈　1枚
小眼珠　2枚
木扣子　1粒
铜铃铛　2颗
棉花　1朵
手机链　1条

猪妹妹是一只人形的小猪，一个短短的蓬蓬裙加一朵小花就是她的所有装扮，印象中最有趣的顾客来信，就是她家的小猪妹妹总是呆在卫生间，为什么呢？因为她老公要两手捏着猪妹妹的肚子专注地盯着她才可以大大出来，笑死我了！还有一个顾客最喜欢猪妹妹，买了小小的一家子，拍了一张全家福给我看，还经常来定制各种花色的小裙子。咪咪猪妹妹是最小的，可以挂在手机上，最有难度的制作是裙子，布料的挑选很重要，选那种柔软并有一定厚度的棉布才好用，还有小猪蹄也要有耐心地做出小尖儿来才可爱哦。

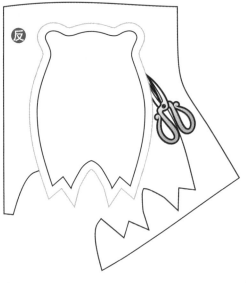

1.

首先，我们来做猪妹妹的身子。将身体的前片、后片纸样分别描绘到制作猪妹妹皮肤的素布上，留出一定的缝份剪下来。

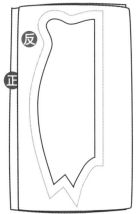

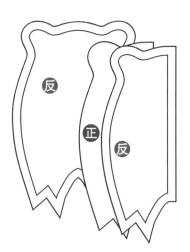

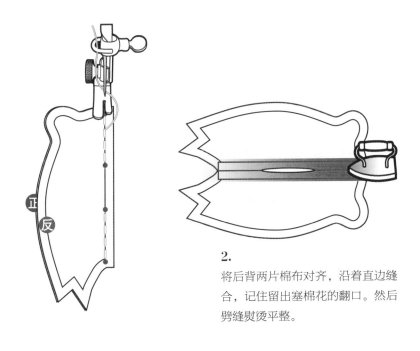

2.

将后背两片棉布对齐，沿着直边缝合，记住留出塞棉花的翻口。然后劈缝熨烫平整。

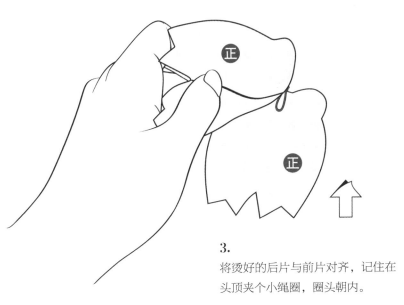

3.

将烫好的后片与前片对齐，记住在头顶夹个小绳圈，圈头朝内。

4.

用缝纫机沿着纸样线迹准确
缝合一整圈。

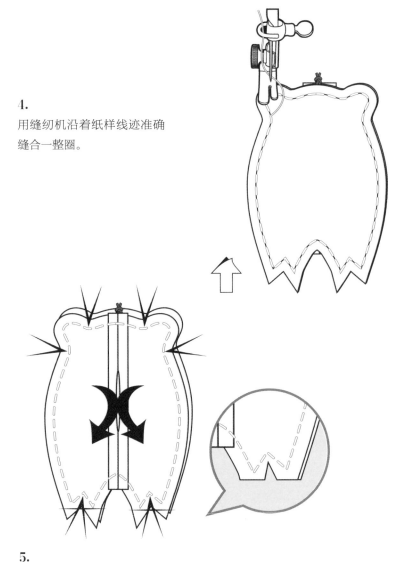

5.

参考图示的位置剪出牙口。由于脚尖处多余的布料较
多，翻过来一定会影响尖尖的形状。于是我们可以先一
刀齐剪掉脚尖部位多余的棉布，不过要小心，不要剪到
缝纫线。再从翻口处小心地将猪妹妹身子皮翻过来。

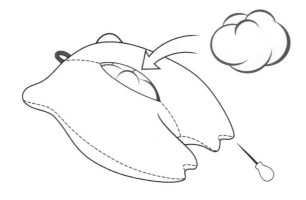

6.

塞棉花前需要整理好猪妹妹的身体表皮，难点在小猪蹄的尖角处，最好用锥子帮忙把小尖角挑出来。这些地方很细小，挑的时候需要耐心哦！然后再从翻口处给猪妹妹喂棉花，先大团再小团，直到吃得饱饱的。

7.

最后用对针缝将翻口缝合起来。

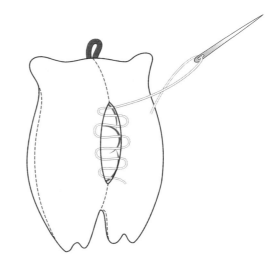

8.

下面我们来给猪妹妹做一条漂亮的蓬蓬裙，猪妹妹个子很小巧，所以最好选择轻薄柔软的棉布给她做裙子。为了避免裙边卷边缝纫后不够自然，我们可以试试直接撕扯棉布，让自然的须边作裙边，其实这样更有质朴的棉布气质。保留长边为须边，裁剪一块长条棉布，短边反面对齐，留出缝份缝合。

9.

劈缝整烫，得到一个裙圈圈。

10.

然后用手针在裙边的另外一边留一个缝份的距离，平针缝缝一整圈，不过暂时不要收针。

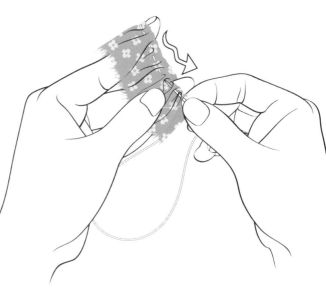

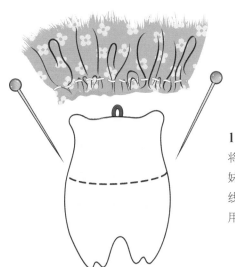

11.
将未收针的裙圈翻过来套到猪妹妹的身体上，虚线处是腰线，裙子疏缝线和虚线对齐，用几根珠针来帮忙定位。

12.
然后收紧裙子的疏缝线，使裙圈的大小刚好适合猪妹妹的腰围，打一个结固定这个腰围尺寸。然后观察裙子四周是否都与腰线水平，用几根珠针来帮忙定位。

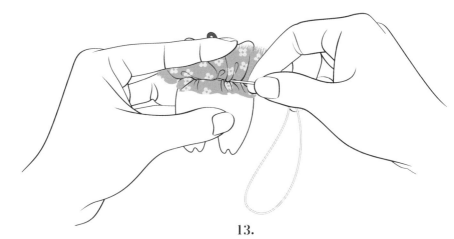

13.

然后用平针缝均匀地走针将裙子和腰线固定，注意针脚走成直线才标准哦。

14.

将裙子缝合一整圈，打结收针，然后将裙摆盖下来，用手捏压一下，使之成为可爱的蓬蓬裙样式。

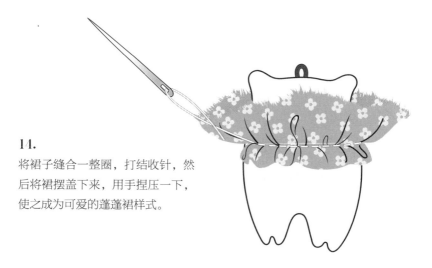

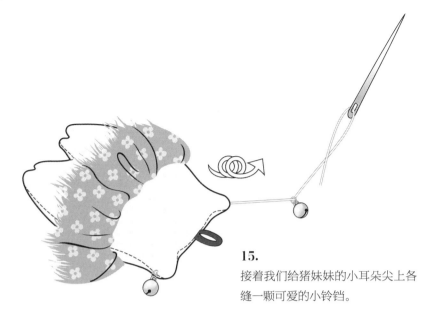

15.
接着我们给猪妹妹的小耳朵尖上各
缝一颗可爱的小铃铛。

16.
按照前面扣扣兔缝眼珠的方法给猪
妹妹也缝上一对黑豆豆眼珠。

17.
背后也缝上一颗小木扣。

18.

然后要给小猪妹妹做小手了，因为她个子太小了，所以不好做复杂，找一小块厚而柔软的牛皮边角料，依照纸样剪下来。然后用锥子锥两个小孔，用来缝合到身子上去。

19.

将小手固定在裙腰稍高点的位置，用锁缝针缝两圈，线稍微松动点，使小手能保持灵活快乐地前后摆动。

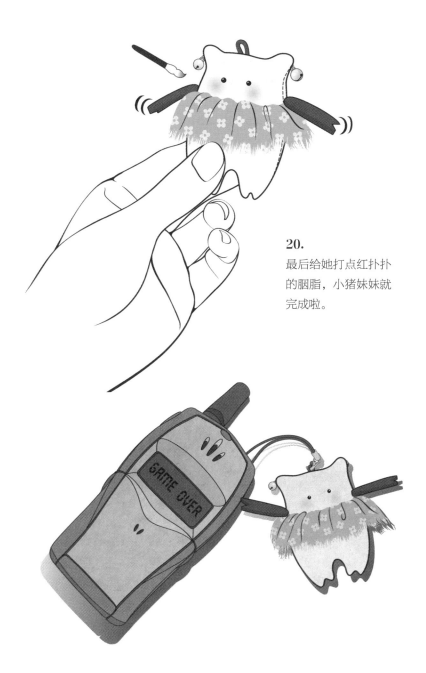

20.
最后给她打点红扑扑
的胭脂，小猪妹妹就
完成啦。

手工杂记——
花花印章

我的小学班主任刘老师有三枚花朵的图章，每一份优秀的作业后面，将会得到刘老师漂亮的钢笔"阅"字签和一朵小红花的印章。我的语文作业本的每一份作业后都会有小红花的印章，也不知道是不是因为这几朵小红花的鼓励，使我成为一名优秀的小学生呢？

我时常觉得小时候记忆中的美好事物会不自觉地进入到我的设计中。现在还依稀记得那三枚图章的样子：最最小的一枚似乎是刘老师自己在橡皮上刻的，主要用来批阅小练习，也许就和鸡蛋花花标志中的四瓣小花一模一样；稍微大点的是一朵五瓣樱花模样的图章，扁扁的方形，总是直接装在印泥铁盒里，也是刘老师最常用的一个，每次批改完作业，刘老师的手指都会染得红红的；最难得到的是那朵五厘米见方的大牡丹花图章，图案精致无比，只有最最优秀的作业，刘老师才会将它从小心保存的盒子里拿出来用，真是漂亮极了！每次盖章，刘老师都要很耐心地将图章在印泥盒子里按压，让它沾上饱满的油泥，然后紧紧地盖在作业本上，随着纸和油泥分离"叭"的一下，一朵点燃学习热情之花就诞生了。

关于花朵图章的记忆有很多很多。我偷偷尝试过拿橡皮雕一个和刘老师那个一样的花朵图章，希望能给没有得到小红花的同学盖上，鼓励家长。最终还是刻得很不像，没有帮助到需要小红花的同学。因为学习成绩好经常帮刘老师批改其他同学的作业，如果得到允许使用花朵图章，将是莫大的荣幸，我会努力给好姐妹盖最清晰最漂亮的小花，有时候顺便将前面没有红花的作业也补盖上。

我认为刘老师盖的章，无论清晰度、印迹浓度、位置和方向都是最完美的，特别是盖在我辛勤劳动的作业上。我有一次伟大的作业集到了刘老师的三枚花朵印章，翻开作业本的那一刻，我认为刘老师简直就是天下最最好的老师！

小布虎

难度系数　★★★★★

铜铃铛　3颗
软牛皮　1块
棉花　1朵
棉绳　1段
木扣子　1粒
大眼珠　2颗
红布　1片
花布　2片
素布　2片

这是我参考民间布老虎的经典造型制作的小布虎，用我喜欢的方式装饰了细节。我想每一个喜欢布玩的朋友都想亲手制作一只中国民间的小布虎吧？这个小布虎每一个制作细节都是有难度的，还要严格地考验你对五官位置的美感把握。其实就算同一个人做很多个小布虎，它们每一只都会不一样，有的憨厚、有的威武、有的机灵、有的鬼马，不知道这个高难度的制作能否满足大家对这本手工教程的期待呢？

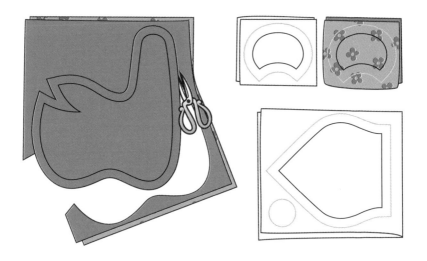

1.

首先，将纸样不同部位分别描绘到不同花色的棉布上，肚皮、耳朵反面和眼睛下的圆形垫片是素色棉布，然后都留出缝份剪下来。

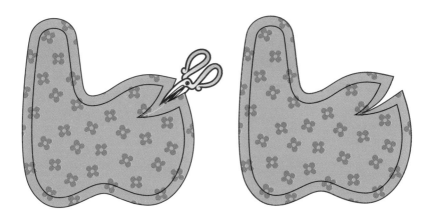

2.

注意这个身子布片的翻口是小布虎的额头部位，我们需要做出圆额头的立体感，所以需要点特别的制作哦。将小布虎身体布片的嘴巴缺口部分剪开，注意不要剪到最里面的转角。

3.

将剪开的部位对折。这里是两条反向的弧线，那么我们得参考下做熊猫耳朵的经验，其中一条弧线必须拉扯对应另一边弧线的弧度。如果缝纫机控制不好，就用手针一点一点缝合吧。

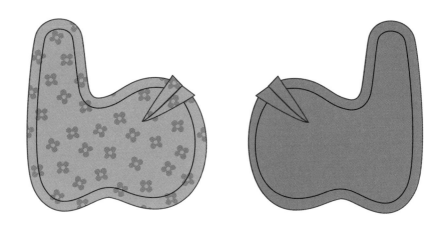

4.

准备好身子的2块布料，头部折痕的缝合处需熨烫平整。

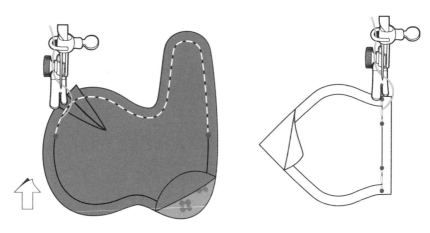

5.

然后，将布老虎的左右片身子布正面贴正面对齐，按照纸样上给出的标记在棉布上做好记号，然后用缝纫机缝合图示中蓝色线的部分。红色点是和肚皮连接的首尾两端头的位置哦，一定要将这里锁缝结实！肚子是由两块同样的棉布拼合的，将接缝处缝合，并留出塞棉花的翻口。

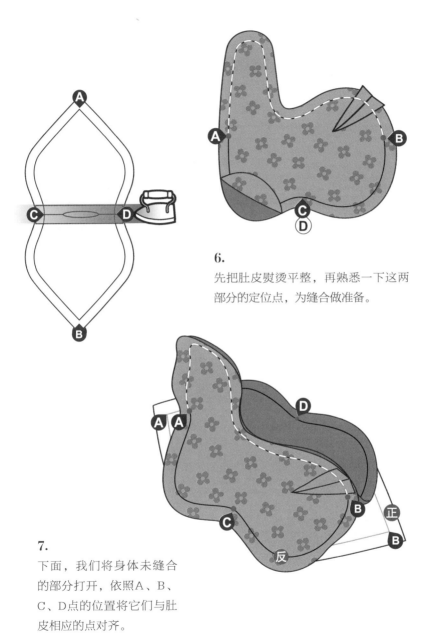

6.

先把肚皮熨烫平整，再熟悉一下这两
部分的定位点，为缝合做准备。

7.

下面，我们将身体未缝合
的部分打开，依照A、B、
C、D点的位置将它们与肚
皮相应的点对齐。

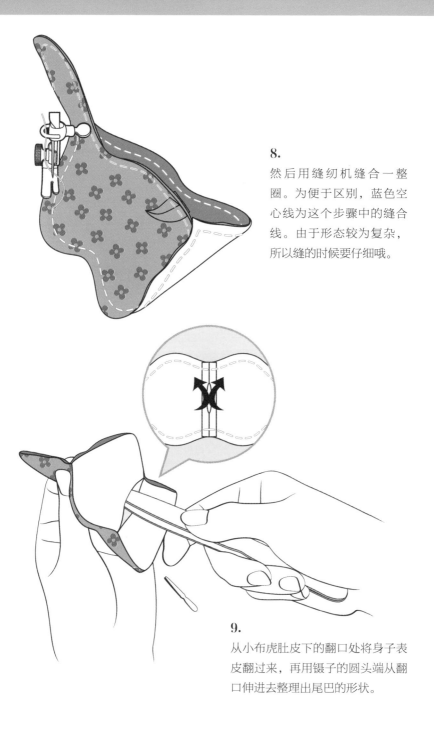

8.
然后用缝纫机缝合一整圈。为便于区别，蓝色空心线为这个步骤中的缝合线。由于形态较为复杂，所以缝的时候要仔细哦。

9.
从小布虎肚皮下的翻口处将身子表皮翻过来，再用镊子的圆头端从翻口伸进去整理出尾巴的形状。

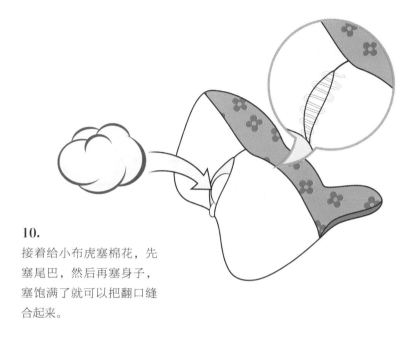

10.

接着给小布虎塞棉花，先
塞尾巴，然后再塞身子，
塞饱满了就可以把翻口缝
合起来。

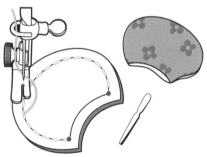

11.

下面我们来制作耳朵，别看小小
的耳朵，制作起来也不简单呢。
先将耳朵前面的花布片和耳朵背
后的素布片缝合并翻过来，用镊
子整理好耳朵的弧线。

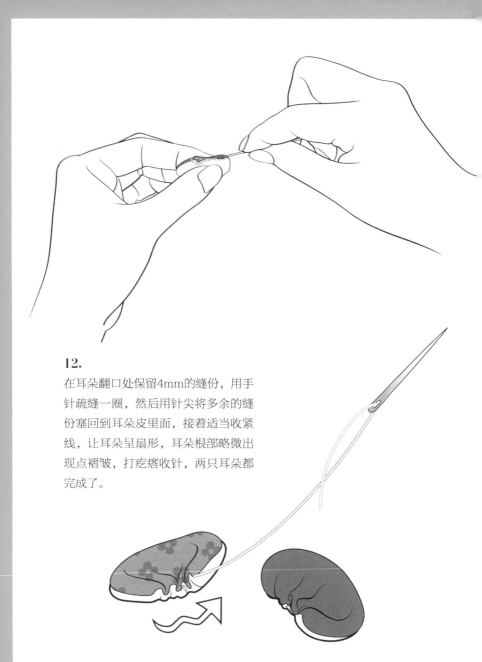

12.

在耳朵翻口处保留4mm的缝份，用手
针疏缝一圈，然后用针尖将多余的缝
份塞回到耳朵皮里面，接着适当收紧
线，让耳朵呈扇形，耳朵根部略微出
现点褶皱，打疙瘩收针，两只耳朵都
完成了。

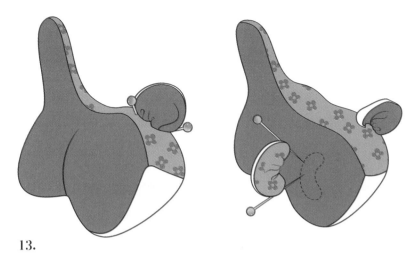

13.

我们需要将耳朵立体地缝合到小布虎的头上。注意找准位置，参考图示中的起止点，用两枚珠针固定好。这里注意观察小布虎的耳朵和身子贴紧的部位是一个腰果的形状，这也是我们要将耳朵和身子连接缝合的形状。

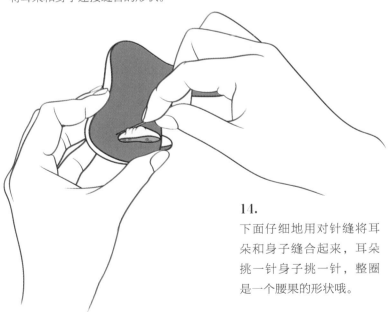

14.

下面仔细地用对针缝将耳朵和身子缝合起来，耳朵挑一针身子挑一针，整圈是一个腰果的形状哦。

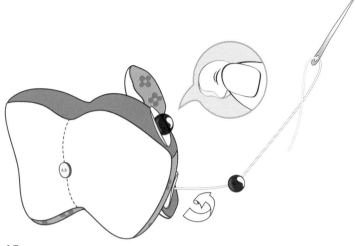

15.

下面我们来缝小布虎的眼睛。先用珠针在小布虎脸上找准眼睛的位置，从肚子下的最中心点（中缝的位置）下针，从正面眼睛的位置出来，穿上小圆形垫片和眼珠再回到肚子下起针的点。穿上肚脐眼扣子，再用同样的方法缝第二只眼睛，针还是回到初始下针的位置，最后在这里打结，打结之前调整好眼珠和肚脐扣的下陷深度，这样眼睛就缝好啦！

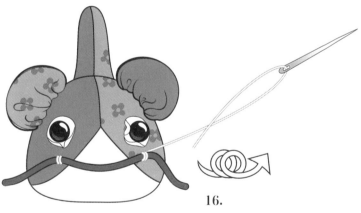

16.

下面的步骤是给小布虎装胡须，选一根红色的棉绳，参考图示的位置确定缝合点，让两点间的红绳略微呈现微笑的弧度，然后锁缝嘴角的两点。

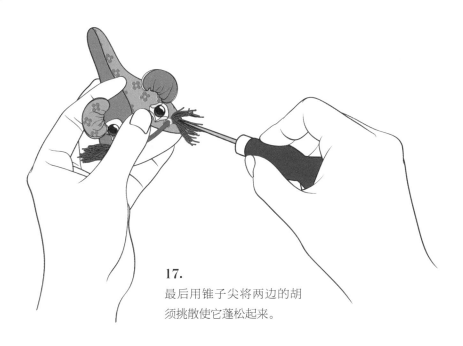

17.

最后用锥子尖将两边的胡
须挑散使它蓬松起来。

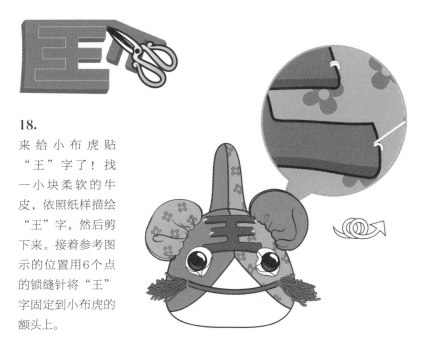

18.

来给小布虎贴
"王"字了！找
一小块柔软的牛
皮，依照纸样描绘
"王"字，然后剪
下来。接着参考图
示的位置用6个点
的锁缝针将"王"
字固定到小布虎的
额头上。

19.

给布老虎做一个大红色的圆鼻头是不是很可爱呢？先按照纸样剪一个圆形，留出缝份疏缝一圈，适当收紧线，然后塞入棉花，尽可能多地填充，不然鼻头就不圆了，最后拉紧线打疙瘩收针。

20.

将鼻头按压在准确的部位上，用对针缝将鼻子和头连接起来，缝合完整的一圈，这样一个可爱的小红鼻头就制作好啦。

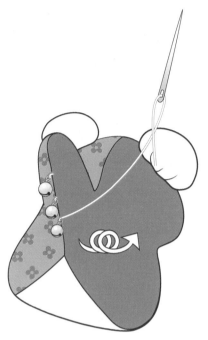

21.
最后将3颗小铃铛间隔均匀地缝
在小布虎的尾巴上。这样小布虎
就可以快乐地叮当作响啦。

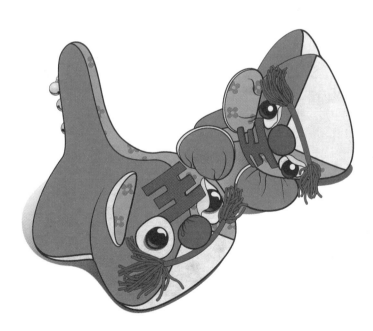

蚂蚁侠

难度系数 ★★★★★

蜡绳 1 段
棉花 1 朵
棉绳 3 段
小眼珠 2 粒
花布 2 片
素布 1 片

这是喜欢昆虫的儿子给我布置的手工作业,他对比观察了真正的大黑蚂蚁,夸我做得像极了。小蚂蚁的部位比较多,制作的难度也很高,大家如果能将前面的布偶轻松地制作出来,我相信这虫虫根本难不倒你。针对高级班的同学,这个教程不再赘述初级要点,你只需要领会教程中重点强调的部分,也许不用看文字讲解就能很快将小蚂蚁制作出来。

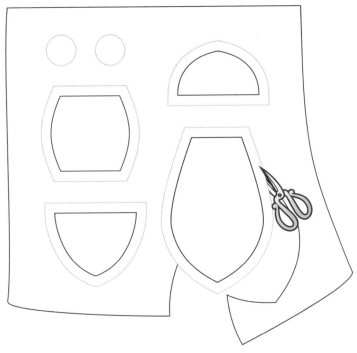

1.

首先，将纸样分清楚各个部位，肚皮和眼睛垫片是素色棉布，其他是咖啡色花布。将它们分别描好，并留出一定的缝份剪下来。

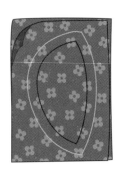  

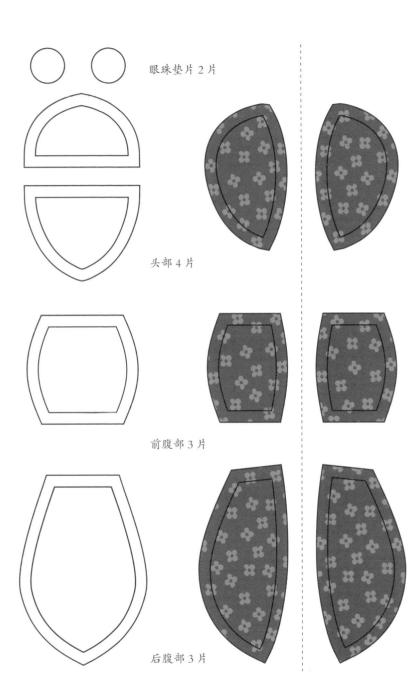

眼珠垫片 2 片

头部 4 片

前腹部 3 片

后腹部 3 片

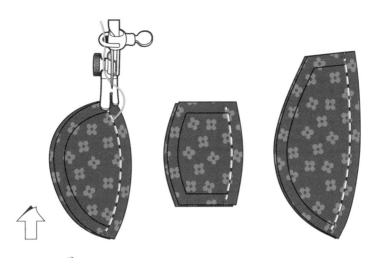

2.

先将小蚂蚁的头、前腹、后腹花布
片分别沿着拼接缝拼合。

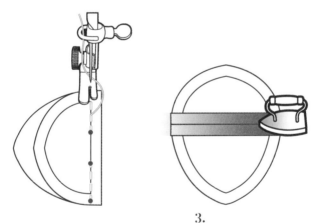

3.

头部背后是两块素布拼合的，需要
留出塞棉花的翻口。

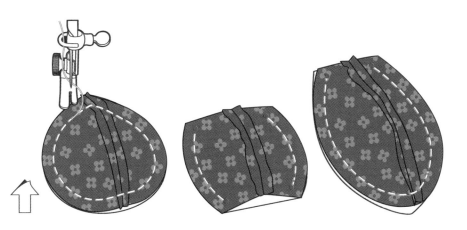

4.

重点注意！小蚂蚁3个部位塞棉花的方式都不同，
所以表皮缝合的方式也不一样。头部的翻口在底
部；前腹是两端都要留翻口的"布套"；后腹是
平头端留翻口的"布袋子"。

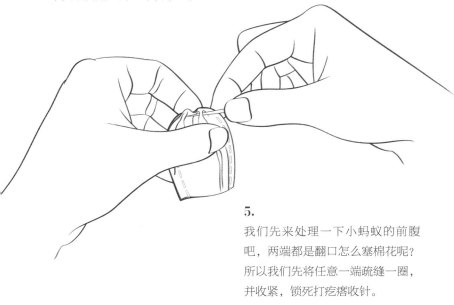

5.

我们先来处理一下小蚂蚁的前腹
吧，两端都是翻口怎么塞棉花呢？
所以我们先将任意一端疏缝一圈，
并收紧，锁死打疙瘩收针。

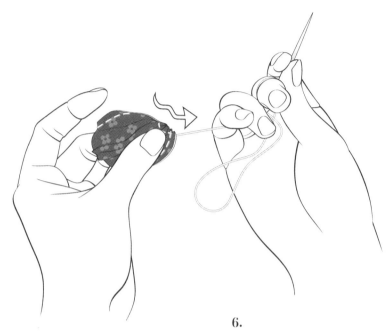

6.

根据图示将小蚂蚁3个部分的表皮都翻过来吧。

7.

再将这3个部分分别塞入棉花。头部
直接从翻口处塞入棉花，前腹和后腹
需要先将翻口疏缝一圈，边塞入棉花
边收紧线，不要让棉花跑出来了。

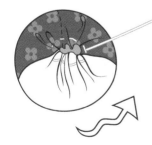

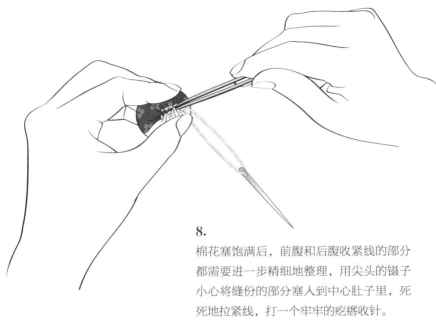

8.
棉花塞饱满后，前腹和后腹收紧线的部分
都需要进一步精细地整理，用尖头的镊子
小心将缝份的部分塞入到中心肚子里，死
死地拉紧线，打一个牢牢的疙瘩收针。

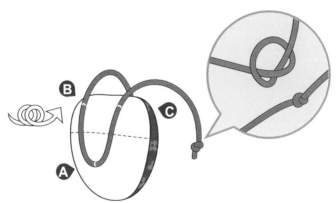

9.
将头部的翻口缝合后，就开始给小蚂蚁缝长长的触须了，
将足够长度的蜡绳对折锁缝固定在脑袋背后的A点处，然
后再固定B、C点，这样触须会向前悬吊。然后估计好长
度，参考图示分别在末端打两个大疙瘩。

10.

马上我们就要将这3个部分组合在
一起了，头、前腹和后腹摆放一下
看看。

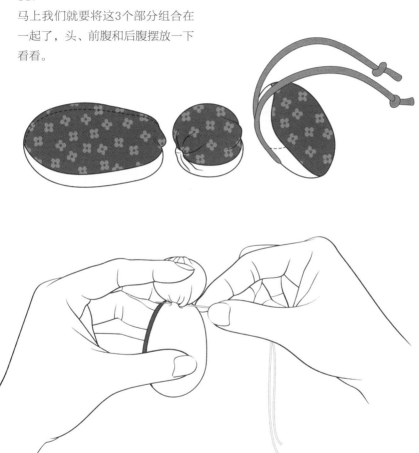

11.

先缝合前腹和后腹，用一只手捏住两
个部分垂直对齐，用对针缝上挑一针
下挑一针缝合一整圈，锁紧收针。

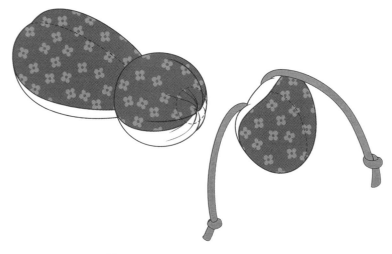

12.

小蚂蚁的头部保持下巴略抬的姿势，所以不能采用前
腹、后腹垂直对齐的方法。如果没有把握，我们先在前
腹上画一个衔接截面的圆形，然后将头的角度调整好，
与前腹对齐捏紧，也用同样的方法缝合头和身子。

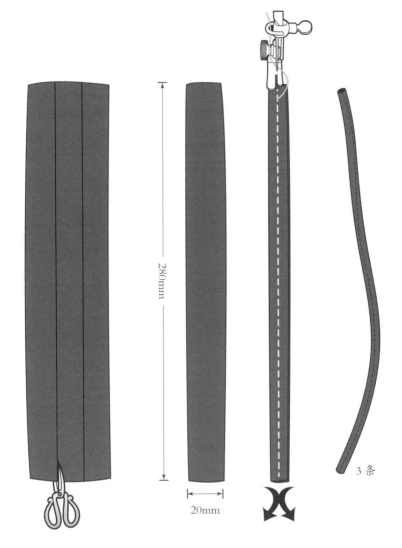

280mm

20mm

3条

13.

小蚂蚁有6条腿，我教大家偷懒只做3条。首先，按照图示的尺寸裁剪3条花布条。接着正面朝内短边折叠对齐，留5mm的宽度缝成一个长长的布套，然后请大家动脑筋翻过来吧。

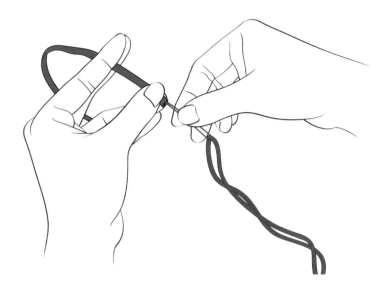

14.

找一根粗细合适、长度足够的棉绳，用一根发
夹穿着这根棉绳穿过蚂蚁腿的布套。走一段，
用手将布套向下拉扯一下，直到完全穿过，线
头多出来没有关系，等待最后修整。

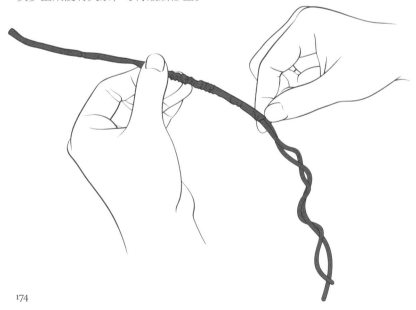

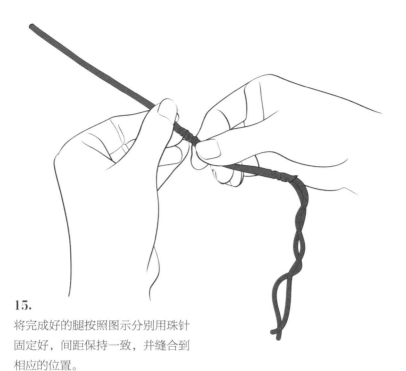

15.

将完成好的腿按照图示分别用珠针
固定好，间距保持一致，并缝合到
相应的位置。

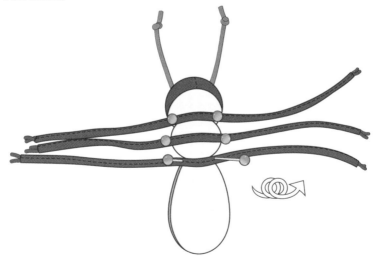

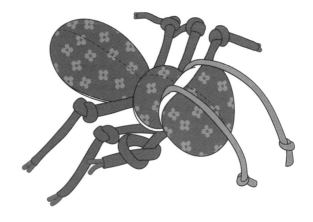

16.

然后分别将6条腿的关节处各系一个疙瘩，蚂蚁的腿就弯起来了。系疙瘩的时候注意疙瘩的方向哦，自己反复尝试一下就明白了，脚尖着地。

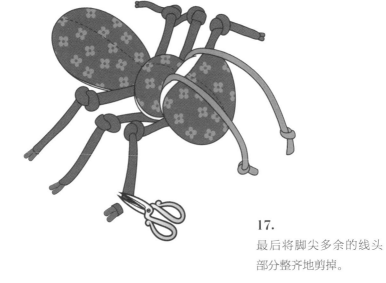

17.

最后将脚尖多余的线头部分整齐地剪掉。

18.

最后一个步骤是给小蚂蚁缝眼珠，别看它个子小哦，可要搭配一对大大的眼珠子才好看呢。眼珠子下垫一个素布的垫片衬托眼睛，边缘用手指捻出微卷的须边，显得随意而自然。

手工杂记————
最宝贝的宝贝

很多人都说我应该有一个女儿，可是呢，挺着那个儿子形状的肚子的时候，我就知道他不是女儿了。我心目中最完美的家庭组合，是一对相亲相爱的爸爸妈妈和一个大儿子，再加一个小女儿，因为儿子的到来，"完美"一直都有可能。

超级可爱小鸡宝宝，一只圆圆滚滚肥嘟嘟的小胖鸡，是宝宝在肚子里的时候，亲手缝制给他的礼物，他学说话的时候就跟我说："我就是一只超级可爱的小鸡宝宝！"

第一次带宝宝去看大海，我告诉他可以在大海边玩沙子、抓螃蟹，可好玩啦！因为是冬季，三亚虽然很温暖，但是应该很难找到他期待的大螃蟹吧，出发的前一天下午突然来了灵感，为什么不做一只布螃蟹？花螃蟹一气呵成，酷毙啦！那次快乐的沙滩旅行，螃蟹一直跟着宝宝的小脚丫。

宝宝走路老爱盯着地上，喜欢观察各种小昆虫，包括让人恶心的苍蝇，我就想给他做各种各样的布虫子，所以有了苍蝇大王、蚂蚁侠、蝌蚪君，前几日他又给我布置了一只蜘蛛的任务。朋友们说儿子是我最大的灵感，是呀，他喜欢的东西我都想给他！

宝宝喜欢画画，我将他三岁画的各种小虫子印在一只粗布小熊的身上，搭配了一首虫儿飞的歌词，印了好多个偷偷地拿到淘宝上卖——他说这些小熊都是他画的，不能卖给人家的。两岁时，儿子亲眼目睹快递大叔将大鸡宝宝用胶带捆绑起来带走，生死离别一般嚎啕大哭："那是妈妈做的娃娃，不能拿走！"人家很无奈，还给他，答应我等会偷偷来取，叮嘱下次发包裹不要让宝宝看见了。

唉，不知道宝宝长大了，会不会像朋友说的，用妈妈的布偶追喜欢的女孩子呢？我会舍得的，尽管拿去吧，每一只布偶都是我的宝贝，儿子呢？是最宝贝的宝贝！

超级可爱小鸡宝宝

难度系数

★★★★
★

素布 2片
花布 1片
蜡绳圈 1枚
小铃铛 1颗
小眼珠 2枚
棉绳 1段
棉花 1朵

超级可爱的小鸡宝宝有着肉嘟嘟的身体和小豆豆般的眼睛，因为是满怀
第一次做妈妈的心情设计出来，鸡宝宝就像一个新生的小婴孩般超级可
爱。制作难度在于鸡冠和嘴巴的手工部分，针脚整齐均匀就会很好看。
最喜欢一大堆小鸡宝宝，堆在竹编的篮筐里，就是家里最温暖的摆设。

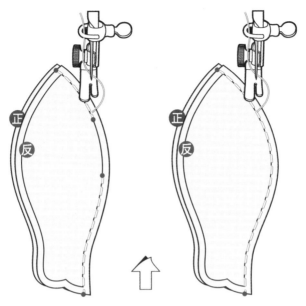

1.

小鸡宝宝身体的上半部和下半部纸形非常相似，只是肚子偏宽一点，区分清楚，留出缝份后裁剪，然后分别缝合中缝，注意在鸡宝宝的头顶部标注位置留出塞棉花的翻口。

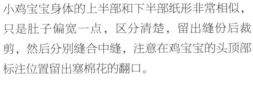

2.

将身体上下部分展开，然后缝合一整圈，完成整个身体，然后将其从翻口处翻转过来。

3.

从顶部塞入棉花，并用对针缝缝合，确保后面的鸡冠能遮盖这个翻口。重点关注鸡尾巴，棉花要塞出肉嘟嘟的感觉来。

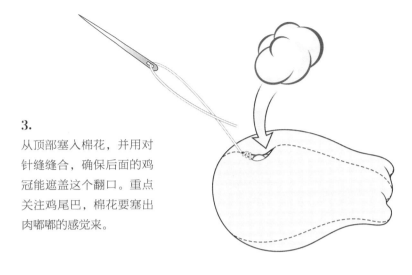

4.

正面对正面对齐鸡冠的前后片，若想悬挂，可安排绳圈朝内放好，缝合在鸡冠的蓝色线标示部分，按照图示的位置折叠出需要和身体缝合的缝份。

5.

用镊子的圆头一端整理鸡冠顶部的小圆弧，使其圆润饱满。

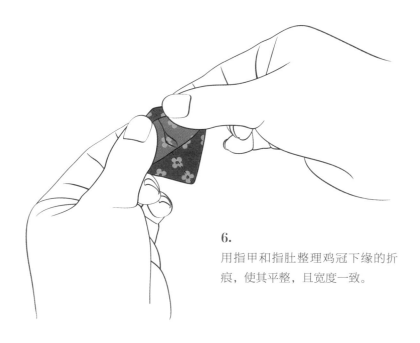

6.
用指甲和指肚整理鸡冠下缘的折痕，使其平整，且宽度一致。

7.
嘴巴的做法和鸡冠差不多，将前后片对齐后缝合，然后翻转过来，整理好嘴尖的弧度，将留出的缝份折好捋顺。

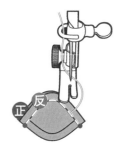

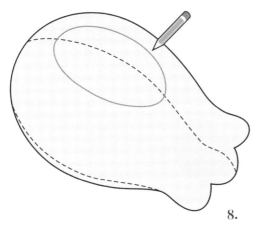

8.
用气消笔描绘出鸡冠和身体缝
合的形状，注意定位要准确，
要把缝合好的身体翻口遮住。

9.
借助珠针将鸡冠固定在身体上，然后仔细缝
合，最后留个小口塞棉花。记得把线头藏好。

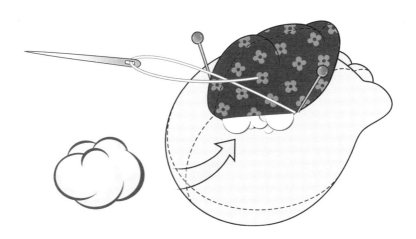

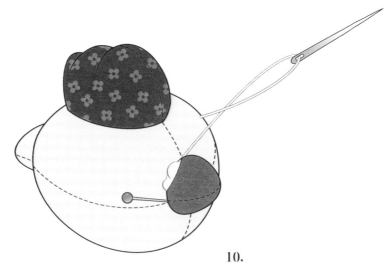

10.
嘴巴的定位也和鸡冠一样，最后
收口前，确认棉花填充饱满，再
完全缝合，线头要藏好。

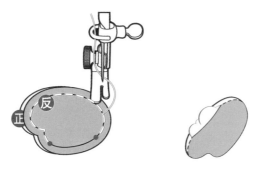

11.
翅膀的前后片缝好后，在预留的小口处翻面，用镊子的圆头一面将边缘圆
弧整理圆润，然后塞棉花，不能塞得太满，最后缝好翻口。

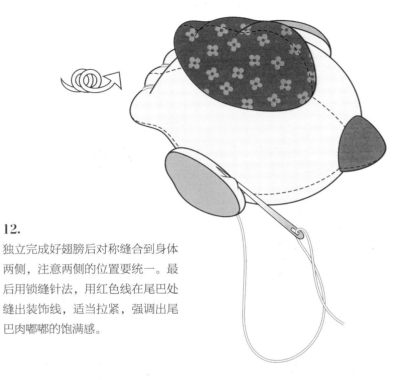

12.

独立完成好翅膀后对称缝合到身体
两侧，注意两侧的位置要统一。最
后用锁缝针法，用红色线在尾巴处
缝出装饰线，适当拉紧，强调出尾
巴肉嘟嘟的饱满感。

13.

在嘴巴下面缀一颗小铃铛，
再画上脸蛋腮红，一只萌宠
小鸡宝宝就完成了。

旺财小土狗

难度系数 ★★★★

素布	2片
花布	1片
蜡绳	1段
小眼珠	2粒
铜铃铛	2颗
脖子大铃铛	1颗
棉绳	1段
棉花	1朵
牛皮	1块

这是一只很不像狗的旺财小土狗，其实是给我的爱宠设计的，在所有设计的布偶里，我认为我最偏爱旺财小土狗。旺财比较考验缝纫技术，因为不像别的二片式布偶，平整对齐缝合就可以，头部和身体都是很立体的皮囊，所以特别要注意缝合的准确，这将会影响布偶的形态是否标准。

1.

将头部的前后片留出合适的缝份，裁剪缝制好。
后片缝合时记得留出塞棉花的小翻口。

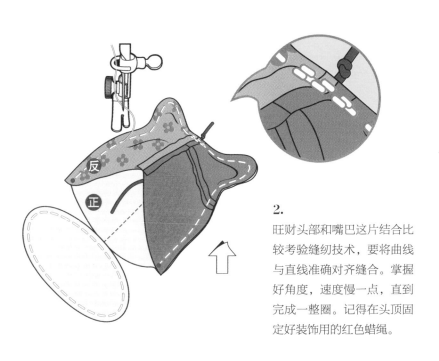

2.

旺财头部和嘴巴这片结合比
较考验缝纫技术，要将曲线
与直线准确对齐缝合。掌握
好角度，速度慢一点，直到
完成一整圈。记得在头顶固
定好装饰用的红色蜡绳。

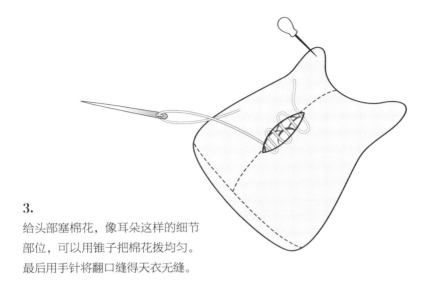

3.

给头部塞棉花，像耳朵这样的细节
部位，可以用锥子把棉花拨均匀。
最后用手针将翻口缝得天衣无缝。

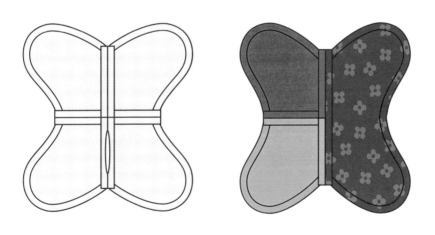

4.

将旺财的身体按照前后片不同拼接的方式缝接好，劈缝熨烫平整。注意先
拼横的，后拼竖的，竖线并非是一条直线。

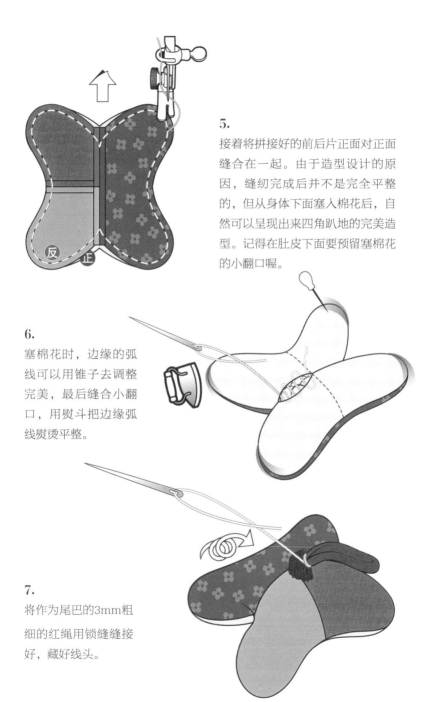

5.
接着将拼接好的前后片正面对正面缝合在一起。由于造型设计的原因，缝纫完成后并不是完全平整的，但从身体下面塞入棉花后，自然可以呈现出来四角趴地的完美造型。记得在肚皮下面要预留塞棉花的小翻口喔。

6.
塞棉花时，边缘的弧线可以用锥子去调整完美，最后缝合小翻口，用熨斗把边缘弧线熨烫平整。

7.
将作为尾巴的3mm粗细的红绳用锁缝缝接好，藏好线头。

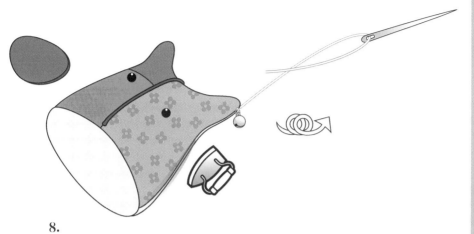

8.

用牛皮裁剪出旺财的鼻子，再利用酒精胶水粘贴在合适的位置，也可以参考猪妹妹的小手的缝接方式，用锥子在牛皮上锥两个小孔，锁缝缝接到脸部，鼻梁上的小绳的末端正好藏在鼻子后面。缝上眼珠子和耳朵上的小铃铛。

9.

最后将头部和身体缝合。给脖子拴上蜡绳串起的铃铛，一个完美的旺财小土狗就出来了。"旺旺！"

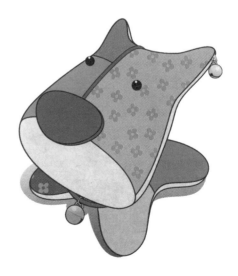

手工杂记———
心灵手巧

我小时候的毛衣都是妈妈的巧手织的，穿新毛衣那个得瑟劲儿，真有小公主戴上钻石头冠的感觉。记忆中很害怕去一个女同学家里，因为准保会被她娘亲拉着从里翻到外，被她无比崇拜的眼神上上下下洗礼好几遍，耽误我们出去玩的时间。有时候她娘实在崇拜得不行，还会带着毛线直接奔去我家，找我娘请教手艺。

有段时间，我们院子里所有的小朋友都带着我娘原创的手套，上下针的，白色和彩色间隔的条纹，现在想起来都很得意。还有最可恨的经历，是经常急匆匆走在上学的路上，被一些不认识的阿姨婶婶拉着转："这是你妈妈织的呀""好漂亮哦""手真巧啊""能让我看看反面吗……"我老实巴交地干着急，发现实在快迟到了，只有跺脚很抱歉地说："下次遇到我再看好吗？我要迟到了！"那些毛线阿姨才会恋恋不舍地放手，她们都明白这天仙是可遇不可求的。

学校的老师都知道我有一个巧手的妈妈，所以我从小到大心灵手巧远近闻名。每年的暑假寒假，老师要求手工制作的花灯呀、科技小发明呀、贺卡呀，即使是妈妈帮做的，我也脸不红心不跳地说是我做的，因为老师一定都百分百相信。每次搬家的时候，都会找出来一件小学时为应付手工作业，从头到尾彻彻底底是我娘给帮织的小毛衣。看到它我就想起来班主任拿着这件毛衣在办公室到处窜，见人就说是她的得意门生亲手织的小毛衣，我的那个不羞的得意样子我自己都能想象，我觉得我娘的成果理所当然就是我的，反正我习惯了我就是心灵手巧的好姑娘。

就算上了中学，我也常常被老师要求参加各种美术类的比赛，拼贴画、剪纸、捏泥巴、做风筝、做花灯，包括男生参加的线路板的安装比赛也不放过我。印象最深的，是带领一帮姐妹特许不用上课，在教师节前夕以某某重点班的名义为全校每一位老师做一双毛绒拖鞋。那次我学会了踩缝纫机，当然之前被认为是理所当然会踩缝纫机的，就这样又一次在中学闻名。大学是我最自由的学习时期，再也不会被比赛，对于手工这种大家闺秀干的活有点不屑了，成天就是想着怎么成为一名适应时代进步的设计师。

记得是在怀孕的时候，我想通过一份好心情培养宝宝一个好的性格，所以用针线活来打发大把大把的时间。我想做手工时候的耐心、认真、专注都会感染宝宝的吧，这应该是一个很好的胎教。刚开淘宝店的时候，有很多朋友惊讶地问我，都是你自己亲手做的吗？我都会不好意思地解释是我娘做的，时间久了我也懒得一一解释了："是啊，是我做的！"所以心灵手巧又跟随我了。这跟过去的年代比较，我这不会织毛线、不会绣花绣鞋垫，连衣服破了洞都得花钱找绣娘的姑娘和心灵手巧也太不搭调了吧。不过这年头的姑娘能拿着针线自己缝缝扣子已经很贤淑了，如果能织条围巾就很让人佩服，如果会做衣服就让人惊讶，如果像我这样子可以做布偶就足够让人崇拜了，所以我还算是当代心灵手巧的姑娘，被冠以"手工高手"的头衔我也就笑纳了。

为什么会喜欢做手工？我想是因为小时候和外公外婆住在汉正街的小木屋里，过着让我觉得神奇的手工生活吧。好吃的泡菜藏在门口的罐子里；吃完了饭可以去灶里掏一个甜甜的烤红薯；世界上最好吃的米酒在大衣柜的被子里捂着，要藏着勺子躲着外婆蹑手蹑脚去偷吃；坐在外婆自己做的小车上去粮店买米；屋子旧了需要熬一大锅浆糊，用白纸将整个屋子裱糊一新；晚上陪着退休的外公做手表保护壳、熬搅搅糖、做练字本子，第二天拿到小学门口去卖……

趴趴鼠和趴趴猫

难度系数 ★★★★★

素布 2片
花布 1片
小眼珠 4粒
按扣 2组
棉绳 2段
棉花 1段
荞麦 若干

趴趴鼠和趴趴猫是两只贴心的鼠标手枕，长期电脑作业会很辛苦，不经意间看见手边这只萌萌的小布偶陪伴，会不会觉得心情顿时放松下来呢？这两只手枕的制作相对简单，填充物选择荞麦、决明子或者蚕砂，这样的填充料比较能调整出托住手腕的形状。趴趴们平时放在书桌上也是非常不错的小摆饰。

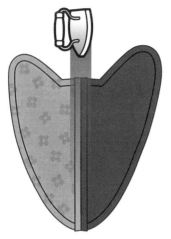

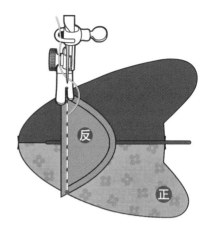

1.

先将布料按纸样裁剪好，预留缝份，再将脸的左右片缝合，劈缝后熨烫平整。

2.

将鼻子的裁片对齐相应位置，正面对正面缝合到脸上，切记要将鼻梁上的蜡绳缝进去。

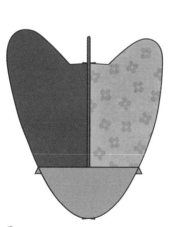

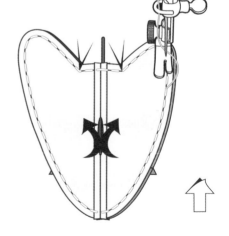

3.

鼻子熨烫平整后，检查是否在后片上留了小翻口，将前后片对齐缝合，然后剪牙口，翻面。

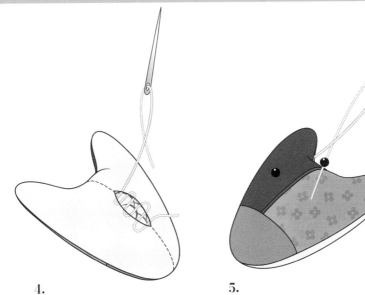

4.

填塞好棉花，小翻口用对针缝缝合，顺带缝上小眼珠，此处的关键是定位要准，记得藏好线疙瘩。

5.

将身体的裁片缝合好，侧面留出小翻口，翻面。鼠标手枕更适合塞入荞麦或蚕砂这类填充物，把握到合适的量，然后将翻口缝合。

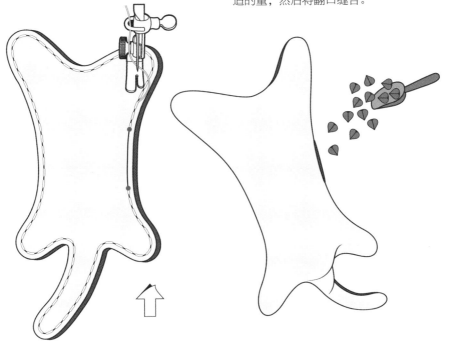

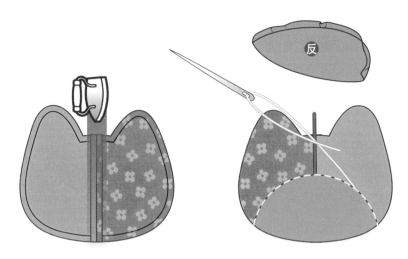

6.

参考爱晒太阳的猫咪宝宝耳朵的做法，用手针缝合好趴趴猫嘴巴的花布。如果缝纫技术够高，也是完全可以用缝纫机缝合这个部位的，缝纫机的针脚更紧密均匀。塞好棉花后，可以重点熨烫一下这里。

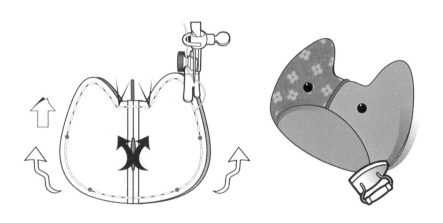

7.

将前后片缝合后记得留翻口，腮帮要略收紧，剪牙口，翻面。

8.

塞好棉花，缝合小翻口，顺带缝好小眼珠，记得眼珠的位置要准确。腮帮收紧的位置要熨烫平整。

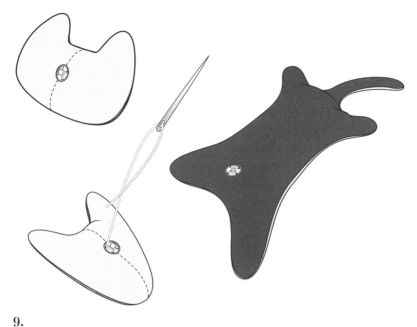

9.
比划好头的位置，在身体和头部缝上子母暗扣，这样可以灵活根据鼠标动作调整头部的方向了。接好头部，一对可爱的趴趴狗和趴趴猫就完成了。

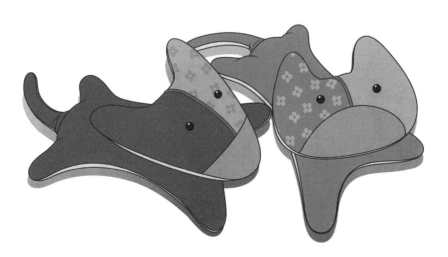

爱晒太阳的猫咪

难度系数 ★★★★

素布	2片
花布	1片
蜡绳	1段
小眼珠	2粒
木扣子	1粒
棉绳	1段
棉花	1朵
小铃铛	4颗
大铃铛	1颗

爱晒太阳的猫咪是一对母子猫咪，伸展着身体，仰着小脸儿，好像一副晒太阳的样子，所以起了这样一个暖暖的名字。比较之前的教程，猫咪的难度并不大，最后注意眼睛和嘴巴的位置，还有嘴巴线条的弧度。由于布料的特性和棉花的饱满度，每一只猫咪脸做出来都不尽相同，并没有标准的定位点。窍门是，你也微笑地看着猫咪，感受它晒太阳的心情，用珠针找到眼睛嘴巴的定位点，一定就是最满足的表情。教程只示范了猫宝宝，猫妈妈的纸型在纸样库中，做法完全一样。

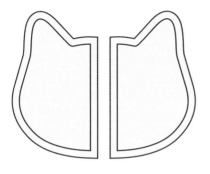
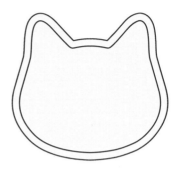

1.

首先，将纸样分清楚各个部位，留好缝份，分别裁剪好。

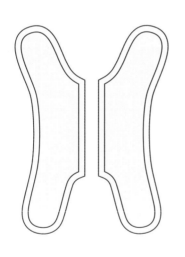
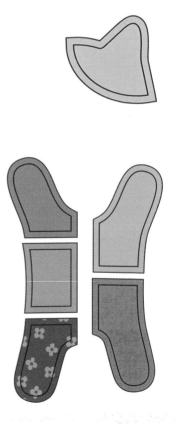

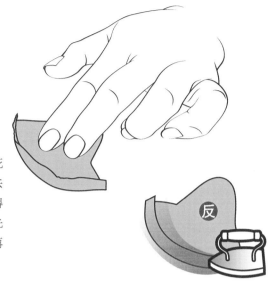

2.

小猫耳朵上的一片花
布是需要手缝上去
的，为了将弧线做得
圆滑漂亮，我们需先
折叠出这条曲线，再
用熨斗熨烫固定。

3.

用气消笔在猫脸正面描出弧线的准确
位置。将耳朵花布弧线与之贴齐，用
对针缝将花布缝合到猫咪脸上。

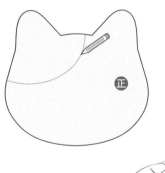

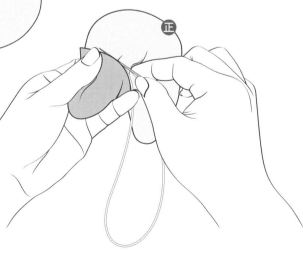

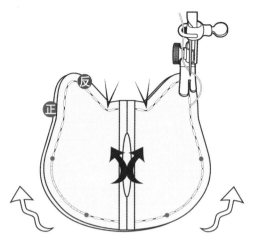

4.
缝合头部，后片要留翻口，腮帮子要略收紧，剪牙口再翻面，用镊子整理外轮廓。

5.
从缺口处塞棉花，注意耳朵也要塞饱满，然后用对针缝缝合翻口。

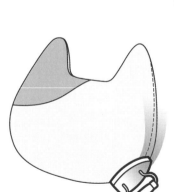

6.
将腮帮子处熨烫平整。

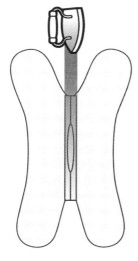
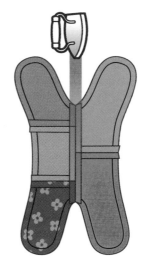

7.

将身体各个裁片进行拼合，先横向拼合再纵向拼合。肚子下面记得留出来塞棉花的翻口。熨烫平整。

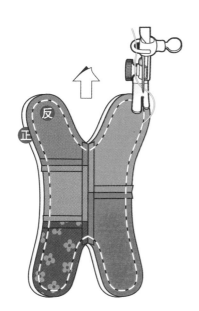
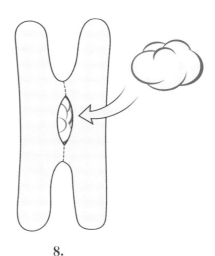

8.

身体上下两片拼合之前记得分别熨烫平整。

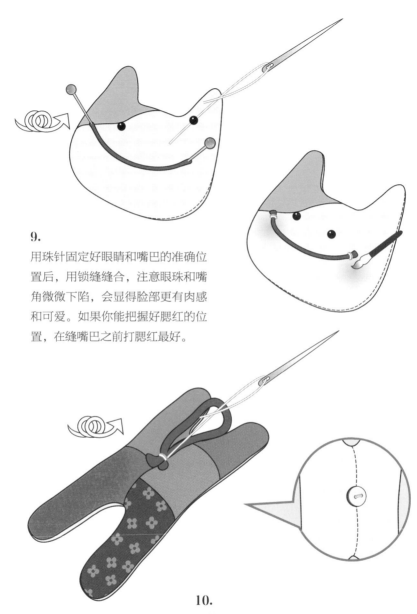

9.
用珠针固定好眼睛和嘴巴的准确位
置后，用锁缝缝合，注意眼珠和嘴
角微微下陷，会显得脸部更有肉感
和可爱。如果你能把握好腮红的位
置，在缝嘴巴之前打腮红最好。

10.
用锁缝缝合尾巴的时候，可以在肚皮下
顺便缝上一颗木扣子，藏好线疙瘩。

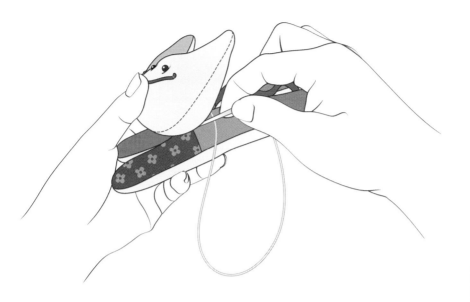

11.

参考小布虎缝合耳朵的方法,将头和身体连接,注意头部稍微上扬的角度,用左手稳定住角度,右手运针缝合。耳朵上用锁缝缝好小铃铛,脖子上系上大铃铛,爱晒太阳的小猫咪就缝好了。

找回我的布娃娃

每个人是不是都有一件儿时的玩具,住进深深的记忆里,再也找不回来?偶尔想起它,一切都安静下来,就像心爱的玩具曾经那样默默地陪伴你。

对于小时候的玩具,我总会有很多疑问,是不是因为自己买不起玩具,所以会对一件玩具格外珍爱?是不是因为幼稚,才会和玩具说话?是不是因为胆小,所以才会抱着娃娃睡觉?是不是妈妈做的娃娃也是妈妈的孩子,所以一定要得到最好的照顾?是不是玩具知道我的秘密,所以我会对它说真心话?它们是怎么诞生的?是被谁创造的?是不是越认真,越投入感情制作出来的玩具就越难遗忘?奶奶做的布老虎、妈妈做的小荷包总是在记忆中那么美好,是因为出自爱我们的亲人吗?即使那些量产玩具,是不是也会因为太心爱太被关注,而变得更加善解人意呢?

玩具们说:"I don't mind if you forget me."我真的相信我的娃娃会说这句话!

有一天,在 flickr 上搜索到一个叫做 "TOYS IN THE 1970-80S" 的群,我在这里找到了我小时候的玩具,好像照片上的那个就是我的。我就开始回忆那些玩具是怎么得来的,怎么遗失的,它们都好可怜,然后我开始深深地忏悔。当我设计出我的小麻兔,突然发现小兔子的身子就是我小时候一个布娃娃的身子。慢慢我回忆起来,坚信它的棉布身子的版型剪裁和我的小麻兔是一模一样的,我觉得真的很神奇,那种感觉就如同它又一次住进了我的布偶灵魂里。

那是妈妈给我买的唯一的布娃娃。妈妈居然还记得，说那个娃娃好黑，我每天都会放在枕头边给它盖上被子睡觉，这些我倒是没有印象了。记忆中上小学的时候，一天放学和伙伴玩游戏，将它藏在一个隐蔽的树洞里面，看看第二天它会不会乖乖地在那里等着我，结果第二天它就消失了，换来我几天的闷闷不乐。但是它的样子深深地印在我的记忆里，自己做娃娃的时候也会不知不觉地将它的模样呈现了出来，可见深爱可以赋予玩具灵魂。

多么希望天使艾米丽会偷偷在我路过的电话亭打一个电话给我，将一盒自己遗忘的玩具放在我的面前，打开它的时候我一定会感动得一塌糊涂。我要为儿子做一件事情，就是将他两岁时候最心爱的赛车总动员的一套小车偷偷藏起来，在 18 岁的生日再送给他。

拼布母子鱼

难度系数　★★★★★

素布　2片
花布　1片
蜡绳　2段
花瓣眼珠　4粒
棉绳　2段
棉花　1朵
小铜铃铛　20颗

拼布母子鱼是我的第一件作品，我想这是件不计较工艺繁杂而专注于灵
感的作品。虽然教程看上去简单，但实际制作起来并不如此，每个步骤
都是工艺细节的挑战，稍不留意，最后的鱼就不会那么好看。我做过花
棉布的拼布鱼，也做过非常喜气的缎面大红鱼，鱼头都是用牛仔布来搭
配，做出一对漂亮的鱼心情好得不得了。母子鱼叠一起挂在窗帘钩或者
蚊帐钩上，是相当别致的装饰呢。

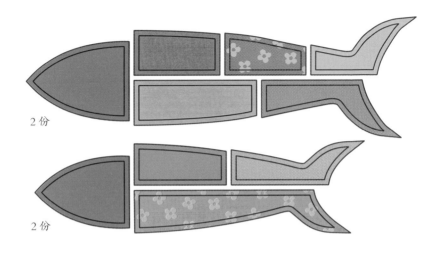

2 份

2 份

1.

首先，为拼布鱼挑选搭配面料。鱼头适合用较有厚度的牛仔布，鱼身花色较多，尽量挑选粗细厚薄一致的面料，否则不容易做平整光滑。然后按照纸样完成不同身体部位的裁片，记得留出缝份。

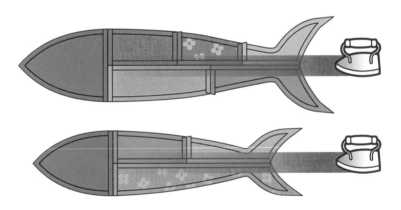

2.

将所有部分有序拼缝合后，劈缝熨烫平整。记得在侧面中间的位置预留塞棉花的小翻口。

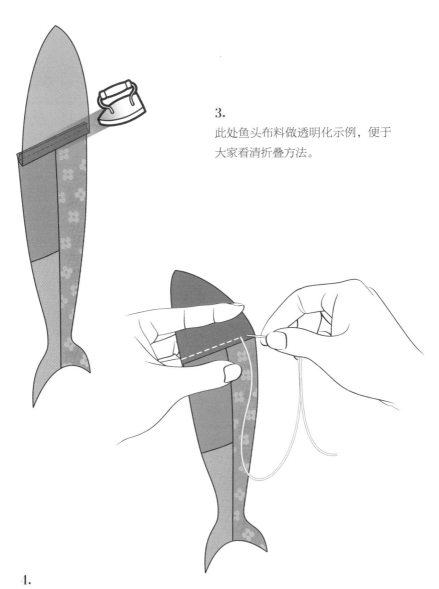

3.
此处鱼头布料做透明化示例，便于
大家看清折叠方法。

4.
请注意此处细节，将鱼头牛仔布向身体方向折叠出约5mm的折痕，并熨
烫平整；然后选择搭配醒目且协调的棉线，用手针缝出一条整齐均匀的装
饰线，这样设计的目的是体现出鱼头包裹身体的感觉。

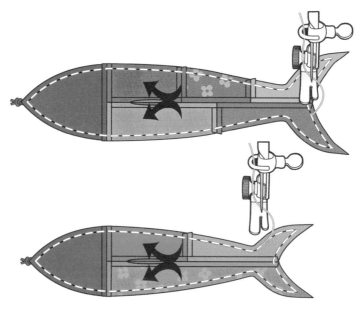

5.

按母子鱼四周的描线缝合，鱼嘴安放好挂绳，然
后翻面，边角的弧线用镊子修整平滑。

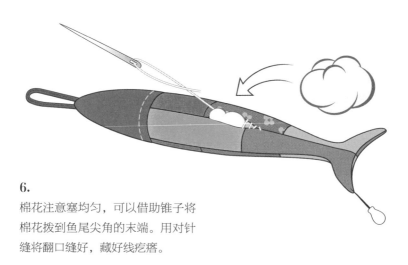

6.

棉花注意塞均匀，可以借助锥子将
棉花拨到鱼尾尖角的末端。用对针
缝将翻口缝好，藏好线疙瘩。

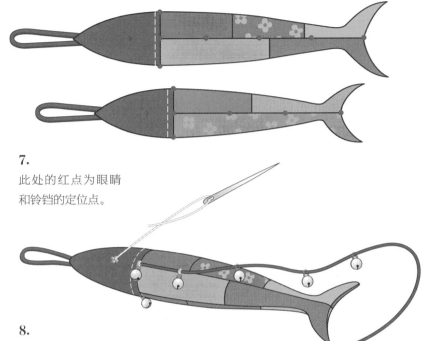

7.
此处的红点为眼睛
和铃铛的定位点。

8.
将铃铛穿过装饰棉绳缝合在定
位点上。棉绳的两端可以塞进
鱼头牛仔布的夹缝藏好，顺带
将眼睛缝好，一对相亲相爱的
母子鱼就做好了。

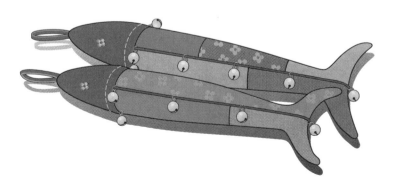

花花小猪妞

素布 2 片
花布 1 片
蜡绳 1 段
小眼珠 2 粒
木扣子 1 粒
棉绳 1 段
棉花 1 朵
小铃铛 1 颗
大铃铛 1 颗

难度系数 ★★★★★

花花小猪妞真的不是一件简单的手工,数量众多的纸样,复杂的结构,超有难度的鼻子,捉摸不定的表情。不过不要畏缩哦,一步一步跟着教程来就好。当初设计猪妞也遇到难题,因为不知道该做一个怎样的身体,放在针线笸箩里好几个月,每天盯着猪头发呆,最后抓住了小猪蹄的灵感,做了一只大抱枕般的身体。你也可以尝试将纸样放大几倍,做一对大大的猪妞放在飘窗上,非常可爱哦。

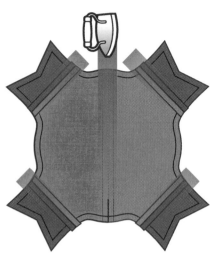
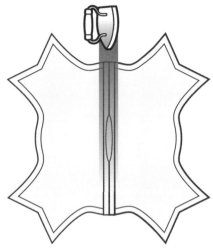

1.

猪妞背部的结构复杂，拼布步骤较多，一定要准确拼合后再劈缝熨烫平整。切记在猪妞肚子上留个塞棉花的小翻口。

2.

将身体缝合一整圈后剪角和牙口，翻面，把4只小猪蹄的尖角整理圆滑。

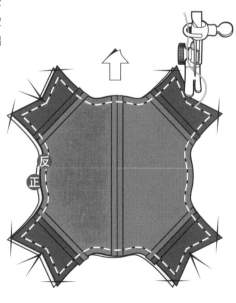

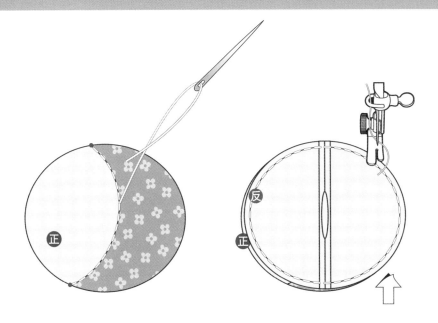

3.
参考猫咪耳朵贴布的做法，将月亮
形花布对准纸样的弧线缝合到圆形
的猪妞脸上。缝合正反面。

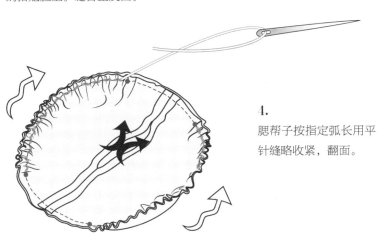

4.
腮帮子按指定弧长用平
针缝略收紧，翻面。

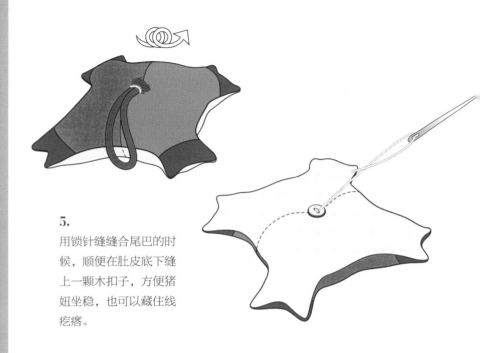

5.

用锁针缝缝合尾巴的时候，顺便在肚皮底下缝上一颗木扣子，方便猪妞坐稳，也可以藏住线疙瘩。

6.

将猪鼻子的两个部分缝合确实需要较高的缝纫技术，如果没有把握，也可以用手工回针缝来缝合，纸样的尺寸是精确计算过的，只要精准对齐，一定完美。

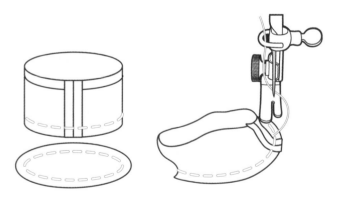

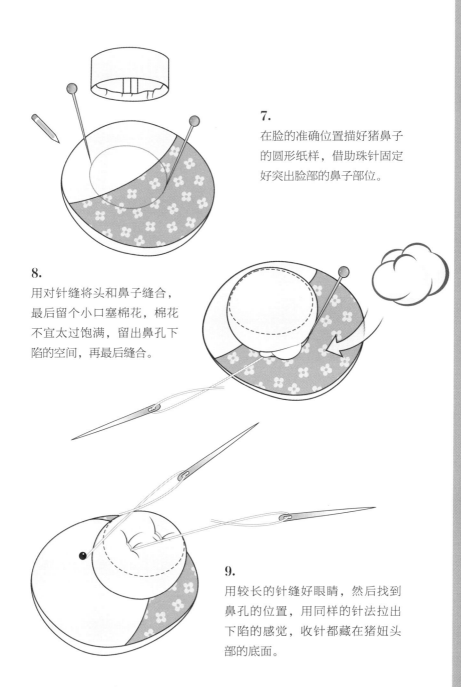

7.
在脸的准确位置描好猪鼻子的圆形纸样，借助珠针固定好突出脸部的鼻子部位。

8.
用对针缝将头和鼻子缝合，最后留个小口塞棉花，棉花不宜太过饱满，留出鼻孔下陷的空间，再最后缝合。

9.
用较长的针缝好眼睛，然后找到鼻孔的位置，用同样的针法拉出下陷的感觉，收针都藏在猪妞头部的底面。

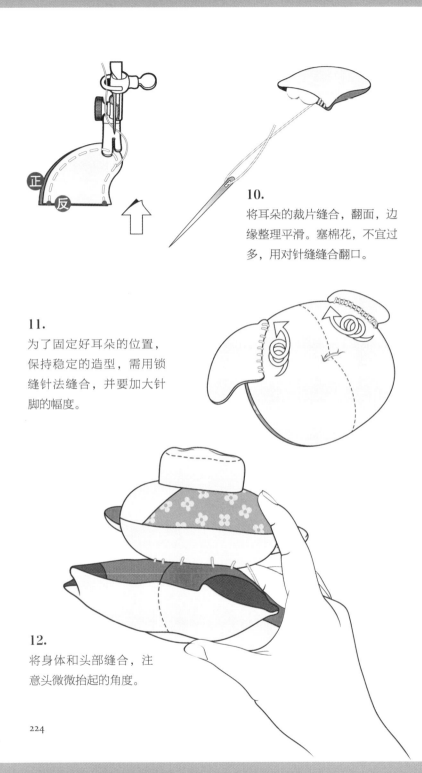

10.

将耳朵的裁片缝合，翻面，边缘整理平滑。塞棉花，不宜过多，用对针缝缝合翻口。

11.

为了固定好耳朵的位置，保持稳定的造型，需用锁缝针法缝合，并要加大针脚的幅度。

12.

将身体和头部缝合，注意头微微抬起的角度。

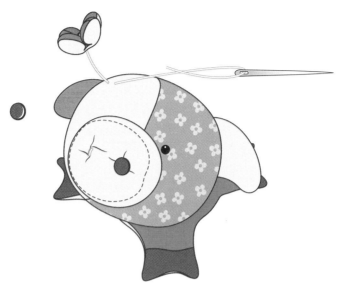

13.

在猪妞额头缝上小花（参见封面佛
手小花的制作），再用酒精胶水将
猪鼻孔粘贴在下陷处，挂上脖子上
的铃铛，就大功告成啦。

手工杂记——

我爱的杂七杂八

小布驴

这只小布驴是来自陕西的民间布玩，在西安回民街买到的，做工精致，形态饱满可爱。我去那家店好几趟，买了一堆打算送朋友，后来都搁在家里了，有猪呀，老鼠呀，后来再去就买不到这么好的布玩了，只能远观那抹绚烂的色彩。

囍字垫

用碎布头做的布垫子，总是放在小桌子上作装饰。大家一定会问为什么不是红色的呢？因为我手头这个蓝条纹的帆布和这块牛仔布很搭，那时刚好要结婚，就做了这个囍字，倒也没想是不是红色。

鹿神

每次去日本旅行，我一定会去寻中川政七商店为纪念创业三百年推出的"日本全国迷你乡土玩具集"的扭蛋，一共收集了日本代表47个都道府的47件乡土玩具，并由海洋堂再次制作，微缩精致无人能敌。某一次我扭到了这只豪华隐藏版鹿神，这是可以让我炫一辈子的开心事情！

几米沙发

我是几米的粉丝，收集这些故事
中的树脂娃娃比收集书的兴趣还
大。这些娃娃特别适合放在床头
柜上，睡觉前看看，觉得特别的
幸福和温暖。

这只大陶虎是民间艺术收藏家鲁汉大哥
送给我的，是在他自己窑里烧出来的，
原型当然是大獠牙童谣虎啦，看得出来
它还是一只超级酷的烟灰缸吗？我喜欢
得不得了。

大陶虎

梵高桌

这张小桌子是很多年前我花了一
个月的工资买来的，后来我惊讶
地发现它和《梵高的卧室》里的
桌子一模一样。其实我一直很厚
爱这张"梵高桌"，几乎所有的
布偶都在这里拍过照。

227

车轮玩偶

这是我最喜欢的日本年轻陶艺家岗步小姐的作品,我深深地被岗步小姐的脑洞折服,一张张搞怪表情的小人被各种水果蔬菜包裹,通通趴在四轮小车上,荒诞到无法解读。岗步小姐本人就和她的作品一样,是我见过的最有趣的灵魂。

这是为装饰北京布偶店特别定制的巨型木扣,想用作门把手,或者挂在墙上做装饰,终究因为太沉,只能随意摆放。不过也非常有趣,这是我最喜欢的扣子造型,太朴实了。

巨木扣

Molly

这个咬着下嘴唇的小女孩有点点古怪,有点点酷,只知道自顾自地玩耍。她自己都不知道她的可爱多么有杀伤力。

抱鹅熊

一对手工痕迹明显，却又精致无比的小熊，本来是买给朋友的生日礼物，买回来越看越舍不得送出去了，于是就私藏了。我经常干这样的事情，如果旅行没有给好朋友带点礼物，多半不是我不记得。

我有一个愿望，就是想将我所有的布偶都变成泥塑、木偶。那天我在 ins 上看到一个非常喜欢的插画家作品，非常有自己的特色和风格，特别是眼睛和嘴巴牙齿的表现，我突然想如果这个脸长在旺财脸上会是怎样呢？于是我就用黑陶黏土捏了一个旺财，烤箱里加热，再画上这个很有风格的脸，哈哈，实在太有趣了。

黏土旺财

鬼头铃

一位喜欢铃铛的朋友，定期都会到日本的寺庙淘来土铃在淘宝上预售，等待寺庙祈福，才能拿到手。我抢到了几个神气的鬼头铃，我喜欢这种将狰狞之美的面具做成的陶土铃铛，太棒了。

晴天囡囡 话梅囡囡 桃花囡囡

素布 2片

花布 1片

挂绳 3段

小眼珠 6粒

棉绳 若干

棉花 1朵

铜铃铛 1颗

难度系数 ★★★★

晴天囡囡、话梅囡囡、桃花囡囡是能给你带来好心情、好运气、好桃花的祈福囡囡噢，那么我们只要将这份美好的愿力针针入魂，就能缝制出带有魔力的囡囡了。囡囡最复杂的就是头发，为了设计出来360度无死角的漂亮发型，我可是绞尽脑汁。最开始是买素色棉绳自己染色，后来在日本的手工店找到丝麻天然染的绳。不同质感的线绳做出来的头发会有差别，但尽可能选择柔软紧实稍细的绳子，虽然制作时间更长，但浓密的头发效果相当好看。至于祈福囡囡的衣服，大家尽可能发挥自己的想象力，可以参考教程中的基本款式，选择各种面料来制作，甚至可以增加刺绣毛毡等工艺来点缀，做出特色风格的祈福囡囡。

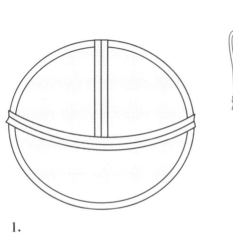

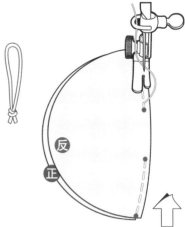

1.

先将囡囡的前脸片和后脑片拼合，然后在头顶加上挂绳缝合一整圈。切记后脑片上要留塞棉花的小翻口。

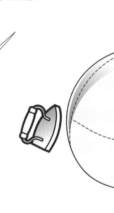

2.

脸部参考花花小猪妞的做法，在图示的范围内用平缝针均匀地疏缝，拉紧后打线疙瘩固定。翻面填塞棉花，缝合翻口，将腮帮子那里熨烫平整。

232

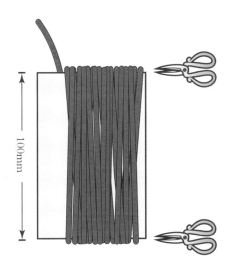

3.
囡囡的头发材质选择可以很自由，不同材质呈现不同的感觉。首先将选好的棉绳剪成100mm长的小段，准备足够的数量。

4.
制作方法并不难，只是需要有耐心，按照图示一根根编出来备用。

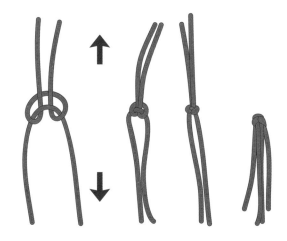

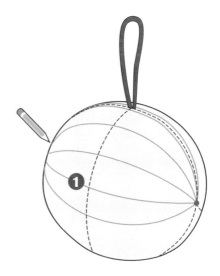

5.
用气消笔在后脑上画出需要缝头发的排线，标注为1的线条是一条水平直线，然后数量密度参考图例，均匀分布。

6.
从正脸的右侧或左侧标记点开始缝刘海，此排头发线绳朝前，刘海终点为另一侧的标记点。

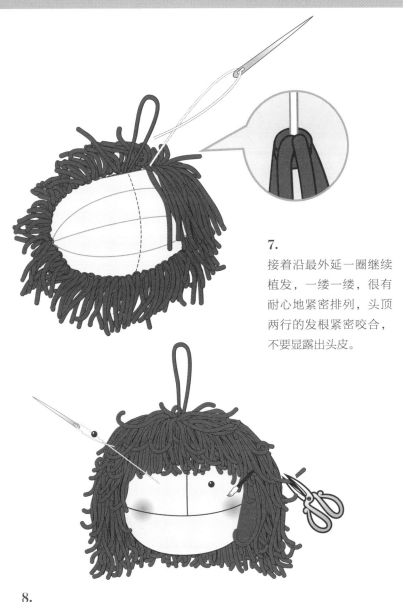

7.

接着沿最外延一圈继续植发，一缕一缕，很有耐心地紧密排列，头顶两行的发根紧密咬合，不要显露出头皮。

8.

由于头发都是一样长度，最终缝合完成后，需要根据自己理想中的样子打理发型，适当做修剪，这可是一件很让人陶醉的工作噢。请带着微笑盯着囡囡的脸，很快你就能找到眼睛的位置，钉上眼珠，打上腮红，可爱的囡囡头部就完成了。

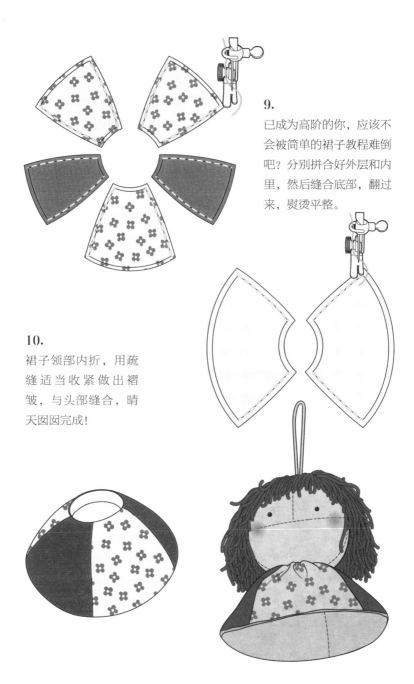

9.
已成为高阶的你，应该不会被简单的裙子教程难倒吧？分别拼合好外层和内里，然后缝合底部，翻过来，熨烫平整。

10.
裙子领部内折，用疏缝适当收紧做出褶皱，与头部缝合，晴天囡囡完成！

11.

话梅囡囡的制作过程和晴天囡囡是差不多的，只是裙子的款式有些变化，还多了一个白色的衣领，按照纸样和图示，将裙子的外片和内片进行裁剪缝合。

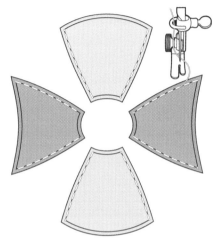

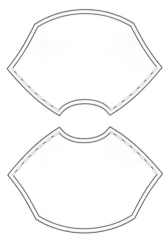

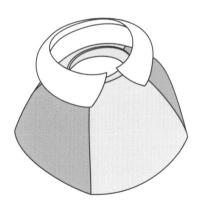

12.

缝合衣领，按照晴天囡囡完全一致的做法完成头部的制作，连接裙子和头部，一个可爱的话梅囡囡就完成了。

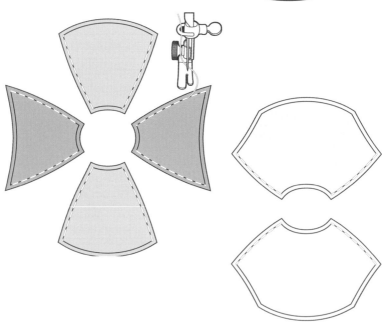

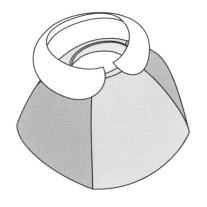

13.

我们给桃花囡囡戴上一朵小花（制作方法参见封面佛手小花），花心缝上一颗小铃铛，清新别致的桃花囡囡就出来了。

带着布偶
去旅行

扣扣兔日本游记

每次旅行我都会带一本轻松的小书,用来打发✈️上的时间.没有什么时候会比在飞行中更专注"阅读"这件事情了。

内脏觅食宝典 p85[一个女人家去盖饭专卖店吃饭]

到达大阪城已是🌙,撞进心斋桥筋的【松屋】.兴奋地点了P90页直子的必点饭菜 → "姜烧猪肉套餐""日语"豚生姜烧"

松屋 ☁️

通々照着直子书上画的

我的必点饭菜

直子太可爱了. 实物和绘本上的小画一模一样~

姜烧猪肉

沙拉

白饭

味噌汤

童谣虎是我的保镖哟

京都的街角发现一块嵌入泥砖的金属路标.惊喜地把它俩摆上合影.就像在旅游景点题字的石碑前拍"到此一游"照.从此每到一个城市.我都会细心地寻找这些城市的记号!

京都市 →

日本的商店打烊时间
都好早,每晚只有逛
遍附近的24小时便利店
看漫画书,买零食......ELEVEN

我也喜欢
你,小新~

↗ **LAWSON**

这家便利店可以买到"三鹰之森吉卜力"美术馆的门票.

我每晚杯 "哈根达斯"

种可爱卡通包裹着的粒装巧克力

老公每晚-罐啤酒

KIRIN

Häagen-Dazs

BLACK

平方西

平方西

我也叫
"胖胖鱼"

OK,就买你!
↓

福

福

日本对手艺术
热爱到极致.
纯手工的旅游纪念品
随处可见.

全手工的招财泥猫.每一只都不一样.
理抱着捞取."捞耳"也变得如此有趣,捞财捞财!

各种传统跪姿泥偶
最具日本民间风格.
有老头老太武士艺妓福女
等人形泥偶,还有生肖的虎头
牛头等兽偶.现在,制作偶人
已成为日本的一种习俗.

福变
红枣
克己作

我发誓这是世界上最最好吃的草饼·

热乎乎·绿油油·黏糯糯的。

草饼

屋檐下有只半人高的木雕猫头鹰，

我真的在算计怎么将它偷偷搬回家去。

呃

从现在开始
我的名字叫
"忍野"

发现一户人家的院子边停着一辆Q得要命的老

这些直击♡灵的可爱之物都偷偷地

藏在小院子里·窗台上·只要

你去发现……

MINI 车·

本兔可以
在这里
留影!

山梨58
な 28-05

245

200円/個

竞美得可以到《白雪公主》里客串
道具的红苹果呢200块一个，两人分享
也很满足呢，超棒！

取自富士山下最优质泉水酿造的DHA聪明水
仅在箱根平和公园门前的自动售货机上
才能买到。

KIRIN
力水
DHA
リフレッシュ炭酸

平时不大爱吃冰激凌的我，每
狂热地爱上日本的冰激凌，特别是这只
一只都不会让人失望，
和《浪漫的逃亡》中一样的
抹茶大火炬！！

也回宗石
看山
要背
的火
珠

看到她在云雾中羞答答地露出美丽的
尊容，你能不兴奋吗？

箱根

华丽丽
……

フカヒレ入り肉まん
（3個より）
1個 ¥400円（税込）

世界上最大的唐人街上，几乎每家店
都在卖热腾腾的包子，有足球大的棒球大的
拳头大的，还有鸟蛋大的；有红色的黄色的绿色的，还有麻色的；
有豚肉的牛肉的虾肉的，还有蟹肉的……

中华街·横滨

フカヒレ入り肉まん
（要予約）
1個 ¥2000 円くらい

横滨

这路标很别致，只有中华街才会有的吧？

壮观的扭蛋机长龙长得可以让我下决心掏出硬币走到最后一台扭蛋机里扭一个小人回来.永远不知道属于我的那只是什么.这就是扭蛋的乐趣吧!

阿童木

一只杯旧得一塌糊涂的coffee杯.那黄黄的颜色那个童年中的阿童木♡

大家都抓紧了~

秋叶原

秋叶原的玩具大楼里有太多我没见过的玩偶.这只KUBRICK应该是我小时候看过的动画片里的老爷爷.似乎他一直在这里等我找到他。

秋叶原有一家电玩店全部是抓娃娃机.请大家数一数有多少只兔子??

248

宫崎骏专卖店里最吸引我的是这套18个动作分解龙猫的神态，呼唤一颗🌱变成参天大树，挑选？/18实在让我 纠结得太久太久了……

1/18

2/18

6/18

4/18

14/18

13/18

18/18

17/18

16/18

15/18

猜猜哪一只豆豆龙"是我的吧？ 你会选哪一只呢？

となりのトトロ

浅草的传统手工店一家挨着一家. 浓郁的 和风 筷子店里我选挺双一见钟情的小木筷。

我要一挑逗你的威严

我愿意做你的可爱筷架

一只浓厚的江户风情招财猫是我见到的最古典最英俊的京,大大的京,他立在一家老木屋料理店门前。

人形烧,就是可爱的娃娃脸烧饼.

这么咔哇伊,怎么舍得一口咬下去呀?

很传统的乡土纸塑玩具,有牛、虎等,脑袋可以上下摇晃

浅草 雷门

吉祥の

你一定要相信自己可以吃到和橱窗里一模一样的料理哦。

一定要柜里带一只招财猫回家哟!

大吉

250

右代風俗人形
江戸趣味玩具
歌舞伎人形

浅草街让我驻足最久的是这个从江戸末期八代将军德川吉宗时代开业至今的 助六 玩具店。

恩恩爱爱双双对对的跪姿偶人。

精致、可爱、红、有趣！贵得让人心疼！

我是一只灵感之猫

仲己吉窑笼门老
江戸趣味小玩具

助六

壹
(1844)

〇〇五七七
〇五四二

传说中可以保佑孕妇平安顺产的 张子狗。

喵~

而我最迷这些工艺神秘、质地轻巧的纸浆偶人。

圆胖、墩实的达摩公仔可是日本人无比亲近信仰的吉祥物。

仲见世街

251

想吃什么就照着墙上的小画点吧!

木更津

鱼拓,是将钓上的大鱼涂上墨汁拓印到布上,记录鱼的尺寸,钓者名字、钓鱼时间、地点的信息,留作纪念,有趣极了!

つくね焼
小ずのあっはつか
三百圓

这家小小的 居酒屋 有温暖的小炕、小矮桌、纸灯笼、满墙的小画、照片,屋顶的鱼拓,还有一对慈祥可爱的老爷爷老奶奶,主人……
温馨的让我

想入非非,如果?
如果装满 鸡蛋花々
的布偶……

色、香、味、皿俱全俱美的串串烧!

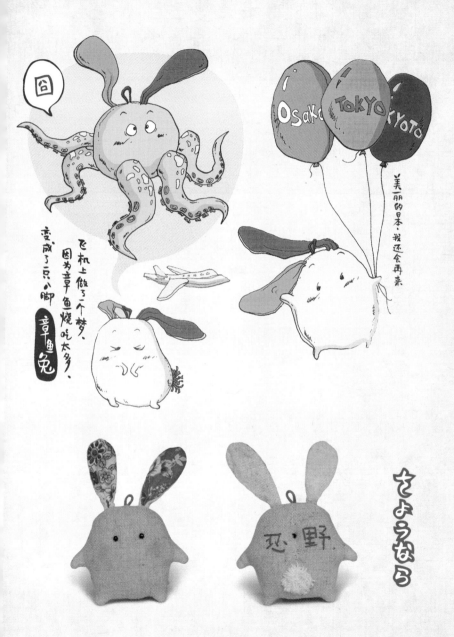

253

图书在版编目（CIP）数据

鸡蛋花花布偶课 / 鸡蛋花花著 . —长沙：湖南科
学技术出版社，2021.4（108 匠）
ISBN 978-7-5710-0616-7

Ⅰ. ①鸡… Ⅱ. ①鸡… Ⅲ. ①布艺品－手工艺品－
制作 Ⅳ. ① TS973. 51

中国版本图书馆 CIP 数据核字（2020）第 115541 号

鸡蛋花花布偶课
JIDANHUAHUA BUOUKE

鸡蛋花花 / 著

出 版 人　张旭东
责任编辑　吴新霞
书籍设计　肖睿子
设计协力　李文轩

出版发行　湖南科学技术出版社
社　　址　长沙市芙蓉中路 416 号
网　　址　http://www.hnstp.com
天猫网址　http://hnkjcbs.tmall.com
印　　刷　长沙超峰印刷有限公司
开　　本　787×1092 1/32
印　　张　8.75
插　　页　2
字　　数　260 千字
版　　次　2021 年 4 月第 1 版
印　　次　2021 年 4 月第 1 次印刷
书　　号　978-7-5710-0616-7
定　　价　69.00 元